JN025202

S D G
Solar Digital Grid

ソーラー・デジタル・グリッド

卒FITで加速する
日本型エネルギーシステム再構築

井熊　均・瀧口信一郎・木通秀樹—著

日刊工業新聞社

は じ め に

　21世紀初頭はエネルギー変革の時代なのであろう。政策、社会、自然環境、技術など、エネルギーに関わる複数の分野で大きな変革が起こっている。政策的には、1990年代からの自由化がいよいよ本格展開の時期に入る。社会情勢を見ると、低炭素化、脱炭素の動きが加速している。日本では需要減もインフラ運営上の大きな問題だ。脱炭素の動きと裏腹だが、自然環境も変化が顕著だ。毎年、世界中が自然の猛威に晒されている。これらの動きと同じくらい大きなインパクトを与えるのが技術革新だ。発電端ではすでに太陽光発電や風力発電が最も安い電源となっている。蓄電池やAI/IoTの進化はエネルギーシステムのあり方も大きく変える。

　本書は卒FITをテーマとした書籍だが、FITという国内の制度改正だけを視野に入れると、これからのエネルギー政策やビジネスの方向を見誤る。エネルギー分野で今後の政策やビジネスのモデルを考えるには、政策を所与のものとしながらも、自然環境や技術など普遍的な要素に目を向けるべきだ。そう考えれば、圧倒的な賦存量を持つ太陽光、AI/IoTを用いたネットワークがエネルギーシステムの中心に来るはずだ。

　そこに、近い将来エネルギー分野では持ち得ない規模の蓄電池を擁することになる電気自動車を結びつければ、太陽光発電と蓄電資産をデジタル技術のグリッドでつないだエネルギーシステムとビジネスモデルが浮かび上がってくる。本書ではそれを、**Solar Digital Grid**（SDG）と呼ぶ。不思議なことに、SDGの中身を詰めていくと、次世代の日本のコミュニティや自然環境に寄り添う社会モデルも見えてくる。

　本書はこうした理解から、まず第1章で日本版FITの経緯と問題の構造を明らかにする。国内外のFITの動きを振り返ることで、制度としてのFITの功罪と限界が見えてくる。

　第2章では、日本版FITが施行されてからの約10年間に、エネルギーに関連する分野でどんなことが起こってきたのかを概観する。上述したよう

に、エネルギーが革新の時代を迎えていることがわかる。

　第3章では、まず卒FITのシナリオを想定した。FITに代わる制度だけを考えることは、日本のエネルギー産業の衰退につながることがわかるはずだ。その上で、日本のエネルギーシステムを革新するSDGのコンセプトと仕組みについて論じた。

　結びの第4章では、SDGから生まれるビジネスを紹介している。ここまで来れば、SDGが単なる卒FITのエネルギーシステムのモデルではなく、エネルギーと社会構造を変革する、Energy and Digital Transformation：Energy DXのモデルであることが理解いただけるだろう。

　本書については、企画段階から矢島俊克氏をはじめ株式会社日刊工業新聞社の方々にお世話になった。みなさんの示唆なしに本書を書くことはできなかった。心より御礼申し上げる。本書は株式会社日本総合研究所創発戦略センターの木通秀樹さん、瀧口信一郎さんとの共同執筆である。木通さんは、株式会社日本総合研究所のIoTプロジェクトをリードする制御、システムエンジニアリングのプロフェッショナルである。瀧口さんは、エネルギー分野でMBAを取得した専門家である。多忙の中、執筆を共にしていただいたことに心より御礼申し上げる。最後に、日頃より筆者の活動に対してご指導ご支援をいただいている株式会社日本総合研究所に心より御礼申し上げる。

　世界がコロナ禍から一日でも早く立ち直ることを願い、本書を奉じる。

　2020年 花津月

井熊　均

ソーラー・デジタル・グリッド

目　次

第1章 ： 検証 日本版FITの功罪

第2章 ： 電力システムをめぐる10年間の潮流

第3章　立ち上がる ソーラー・デジタル・グリッド(SDG)

第4章　SDGが創り出す エネルギービジネスの生態系

第 1 章

検証
日本版 FIT の功罪

FITの歴史

ドイツの狙い

　2010年代、再生可能エネルギーは世界のエネルギー市場の話題の中心となった。その最大の立役者はドイツである。再生可能エネルギーシェアを総発電量の40%まで高めることに成功したドイツは、世界のエネルギー政策担当者の関心を集め続けている。パリ協定の批准もあり、その人気は高まる一方で、最近ではあらゆる国からひっきりなしにドイツのエネルギー政策を学びに視察団が訪れる。かつては無償で視察団を受け入れていたドイツも、有償での受け入れが当たり前になっているという。

　富裕層に限らず国民の環境意識が高いドイツは、CO_2削減のために再生可能エネルギー導入量の拡大に邁進してきた。ドイツの電力消費における再生可能エネルギー由来の発電量の割合は、2017年に36.3%、2018年に38.2%と伸び続け、2019年には42.8%と2020年の目標値を上回った。CDU（キリスト教民主同盟）を中心とする連立政権は2030年の目標を65%まで引き上げている（**図1-1**）。

　ドイツ国民の環境意識が高いと言っても、事業や生活を犠牲にしてでも環境を守るという訳ではない。ドイツで話をすると、再生可能エネルギーについても合理的なドイツ人気質が感じ取れる。ドイツが先陣を切ったFIT（Feed In Tariff：固定価格買取制度）は、環境派と呼ばれる人たちが進めた再生可能エネルギー普及運動に経済的なインセンティブをつけて、事業意欲を持つ個人や企業がモチベーションをかき立てられるように考えて作られた制度だ。再生可能エネルギーの導入策でFITと比較されるRPS（Renewable Portfolio Standard）は、電力会社が再生可能エネルギーの導入を義務として取り組む制度だが、経済的な利益を追求する個人や事業者が再生可能エネルギー導入の担い手となるように設計されたのがFITだったのである。

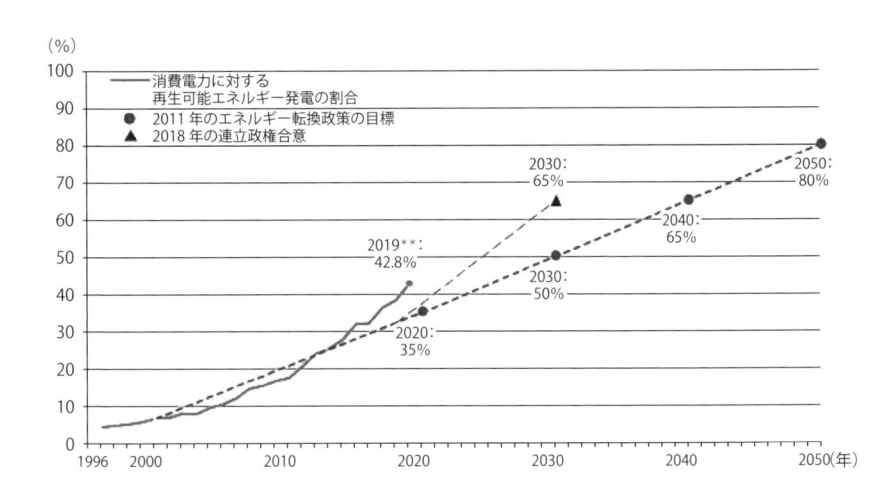

出所：BDEW（ドイツエネルギー・水道事業連盟）　　　＊＊暫定数値

▶ 図1-1　ドイツの再生可能エネルギー発電の割合

FIT 誕生の背景

　ただし、FITの原型は1978年のアメリカ・カーター政権のPURPA法（Public Utility Regulatory Policy Act、公益事業規制政策法）である。PURPA法は電力会社以外の独立系の発電事業者の参入を意図して、電力会社以外の事業者や需要家が所有する電源を対象に再生可能エネルギーの導入を幅広く促す制度である。具体的には、政府の設備認定を受けた小規模な再生可能エネルギーやコジェネレーションによる電力を、電力会社が回避可能原価（電力会社が自ら発電所を建設した場合に発生するコスト）以上で買い取ることが義務づけられた。

　ドイツはこれを範として1991年に電力供給法（StrEG）を施行し、その中で再生可能エネルギーの導入拡大を目的とする世界初のFITが生まれた。ドイツでは1980年代初頭から、石炭火力などの大気汚染に起因する酸性雨でシュヴァルトヴァルト（黒い森）の木々の立ち枯れが問題となっていた。CDU（キリスト教民主同盟）のコール政権は大気汚染の対応策を迫られ、スウェーデンなど北欧諸国に比べて遅れていた硫化化合物対策を進めた。そ

の流れを受けて1990年12月に、2005年までにCO$_2$排出量を1987年比25%削減するとの目標を掲げたことが電力供給法の背景にある。

　一方で、1986年4月のチェルノブイリ原発事故により、大気を汚染せず放射能汚染の危険性もない再生可能エネルギーを推進しようとする機運がドイツ国内に広がっていたことが重なり、FITの誕生を後押しした。欧州きっての工業先進国としてのドイツの歴史や経済的な地位と、ソ連に近くチェルノブイリ原発事故の脅威を身近に感じていた地政学的な立場がFITにつながったと言える。もっともこの時点では、再生可能エネルギーはコストが高いだけでなく、長期間の発電に耐え得るだけの技術的な信頼性もないと考えられていた。にもかかわらず、再生可能エネルギーの買取価格が一般的な電力料金水準[1]だったため、発電事業として経済性が成り立たず、限定的な普及に留まっていたのである。

太陽光発電に注力した理由

　FITが本格化したのは、SPD（社会民主党）が緑の党と連立して誕生したシュレーダー政権（1998〜2005年）の時代である（**表1-1**）。シュレーダー政権は2000年4月に、電力会社との間で2032年までの脱原発を合意するとともに、EEG（再生可能エネルギー法）を施行した。ここに来て、再生可能エネルギーの買取価格が50ユーロセント/kWhと通常の電力料金の3〜4倍にまで引き上げられ、太陽光発電の導入量を総発電の一定割合以下に抑える容量制限も撤廃され、大量導入への道が開かれた。

　しかし、緯度の高いドイツは日照時間が短く設備利用率が低くなるため、太陽光発電の電力消費に占める発電量割合は現状でも8%程度に留まっている。莫大な政策的支援を投じた割には、エネルギーとして普及したとは言えない。技術力の高いドイツが、太陽光発電の設備利用率が低くなることは当然予想したであろうにもかかわらず、FIT当初に太陽光発電に注力したのは産業面での理由があったからだ。

　シュレーダー政権は、1990年の東西ドイツ統合に伴う財政負担や社会保

1　小売平均単価の65〜90%（出所：経済産業省資料）

▶ 表1-1　ドイツの再生可能エネルギー固定価格買取制度に関わる法施行

年月	法律改正	特徴
1991年1月	StrEG 施行	需要家への売電価格を基準として一定比率を乗じた価格で買取
2000年4月	EEG 法施行	太陽光発電の買取価格引き上げ（50.62セント/kWh）
2004年8月	EEG2004施行	太陽光発電総容量1,000MWの制限撤廃
2009年1月	EEG2009施行	新規設備の買取価格の低減率を調整する仕組み導入
2012年1月	EEG2012施行	洋上風力発電に通常より高く期間を短くする加速化モデル導入

注：StrEG：電力供給法、EEG：再生可能エネルギー法
出所：環境省資料をもとに作成

障負担の増大、労働コストの上昇による国際競争力の低下という問題に直面し、労働市場・社会保険改革が不可欠となり、失業対策という受け身の政策から雇用創出政策への転換を目指していた。2000年4月に電力会社との間で合意した2032年までの脱原発政策の背景には、原子力発電所より太陽光発電、風力発電の方が雇用吸収効果が高いという事情があった。旧東ドイツ地域で、再生可能エネルギー産業の勃興を図り、雇用を創出することを狙ったのである。

　東西ドイツ統合以降、経済的な衰退が目立っていた東ドイツ地域のドレスデン、ライプチヒのあるザクセン州、隣接するアンハルト・ザクセン州、テューリンゲン州では、ドイツ統合前から化学産業が立地しており、統合後はシリコンを用いた半導体産業の集積が試みられていた。そうした基盤を活かして太陽光パネルの生産基地を作ろうとしたのである。この政策は、当時太陽光発電メーカーとしてトップにあったシャープをドイツの新興メーカーＱセルズが逆転するという成果を上げた。しかし、その後中国企業の勢いに押されてＱセルズが破綻するなど、成功は長く続かなかった。

風力発電の躍進

　FIT により再生可能エネルギーの事業基盤が強化されたことで、制度発足当初は太陽光発電の後塵を拝していた風力発電が事業として成長し、2000年代には再生可能エネルギーの本命に躍り出た。ドイツの北部は強力な偏西風が吹き抜け風力発電に適している上、世界屈指の自動車産業を抱え、機械部品産業が発達していたことが、国際的に競争力のある風力発電産業が育つことにつながった。

　風力発電の成功を受けて、従来型のエネルギーシステムを支持していた保守派も再生可能エネルギーの普及に向けて自信を深め、国全体が導入促進に向けて結束した。東西ドイツの統合の負担が減り経済が勢いを増し、EU 内でのドイツの求心力が高まると、環境派のみならず、ドイツの国際的な地位の強化を目指す政治勢力にとっても、再生可能エネルギーの導入促進は重要な戦略となった。ロシアの天然ガスへの依存というリスクを抱え、中東に対しても大きな影響力がある訳でなく、脱原発の道を選択したドイツで産油・産ガス国に依存しないエネルギーポートフォリオを構築できることは長年の夢でもあった。さらに、京都議定書の批准で地球環境問題への関心が高まる中、再生可能エネルギーの導入を促進することは政治面でも世界への影響力を拡大することにつながると考えたのである。

　パリ協定以前に国際的な拘束力を持った初の地球温暖化防止の枠組みであった京都議定書では、EU は温暖化効果ガスの排出量の多い東欧諸国の排出量をドイツなどの再生可能エネルギーで相殺し温室効果ガスの削減目標を達成する、という戦略的な目論見を持っていた。ドイツが FIT によって再生可能エネルギーの大量導入に目途をつけたことで、EU の目論見が現実的となった。

　このようにドイツが再生可能エネルギーの大量導入に邁進した背景には、環境問題以外にもソ連との歴史、東西ドイツ統合、EU の目論見、ドイツ国内の政治情勢など複数の要因があったのである。そうした思惑に応えたドイツの再生可能エネルギー政策は、国際的な地位の確保に質する戦略としての位置づけがますます高まっている。

EUでのバブル的な普及

　ドイツで再生可能エネルギーの導入拡大を成功させたFITはEU各国に拡がった。統合後もなお低下しつつあった国際的な影響力を回復させることを狙っていたEU各国にとって、地球温暖化防止は格好のテーマとなった。1994年にドイツに続いてFITを導入したスペインは、ドイツの再生可能エネルギー導入拡大に追随しようと、2006年6月に固定買取価格を基準電力料金の一定比率以内とする制限を撤廃した。その結果、2008年には太陽光発電の導入量が急伸し、年間導入量の上限枠を再設定せざるを得ない事態となった（**図1-2**）。太陽光と並行して風力発電の導入も拡大したことで、スペインの再エネ市場は一時ドイツ市場を上回る存在感を示すことができた。

　イタリアは2005年にFITを導入し、太陽光発電を中心に再生可能エネルギーの導入を図った。リビア、アルジェリアなど地中海対岸の北アフリカ諸国からの石油を使った火力発電の比重が高かったイタリアは、エネルギーセキュリティへの懸念が強く、ドイツの成功を見ていち早くFITの導入に踏み切ったのである。エネルギーの確保が長年重要な政策課題であったことはドイツと共通している。政策の流れを受け、当時世界の太陽光発電生産量で

太陽光発電設備の年間上限枠

年	年間上限額枠
2009年	500MW（400＋100）
2010年	500MW（400×1.1＋60）
2011年	484MW（440×1.1）
2012年	532MW（484×1.1）

太陽光発電設備の年間設置容量の実績と将来予測

（出典）Instituto para la Diversificacion y Ahorro de la Energia (IDAE) 資料
出所：環境省

▶ 図1-2　スペインの太陽光発電の設備導入量の推移

トップを走っていたシャープとイタリアの電力ENEL[2]が提携し、スペイン市場への参入を試行するなど再生可能エネルギービジネスではドイツをしのぐ勢いを示す時期もあった。

　イギリスでは2010年4月に追随してFITを導入したものの、風力発電の導入が予想外に進み、2012年1月に買取価格を急遽低下させる措置を取ることになった。このように、FITはバブルの様相を呈しながらも、EU諸国に伝搬し再エネ導入策としての成果を上げていった。

世界への普及

　その後、FITは2000年代後半から2010年代にかけて世界各国に広まった。中東、ロシアなどの産油国・産ガス国でもない限り、コストさえ見合えば、燃料の調達リスクがなく地球環境に優しい再生可能エネルギーはどこの国でもぜひとも導入したいエネルギーである。

　EU以外の先進国では、カナダが2009年11月にグリーンエネルギー法を施行しFITを導入した。太陽光や風力の発電量割合は10%に満たないが、水力発電と併せると再生可能エネルギーの割合は60%を超える。変動調整力の高い水力を中心にすれば、再生可能エネルギーだけでの安定的な電力供給の実現も視野に入る。

　FITは先進国以外でも導入が進んでいる。タイでは2007年にFITが導入された。タイには工業団地の電源確保のために作られたVSPP（Very Small Power Plant）、SPP（Small Power Plant）という小規模電力事業者を支援する制度があった。そうした事業者が設置した太陽光発電の電力を、国営電力会社（EGAT）、配電会社（MEA/PEA）が買い取る形でFITを導入した。VSPP、SPPの電力をEGATやMEA/PEAが購入する従来からの制度を再生可能エネルギーに拡大したのである。

　中国でも2009年に本格的にFITの導入が始まった。まだ電力消費量に対する再生可能エネルギーの割合は低いが、巨大なエネルギー需要を持つ中国

2　STマイクロエレクトロニクス（イタリア・SGS Microelettonicaとフランス・トムソン半導体部門の統合した半導体メーカー）を含む3社の合弁。欧州市場の停滞のため、2014年には合弁を解消

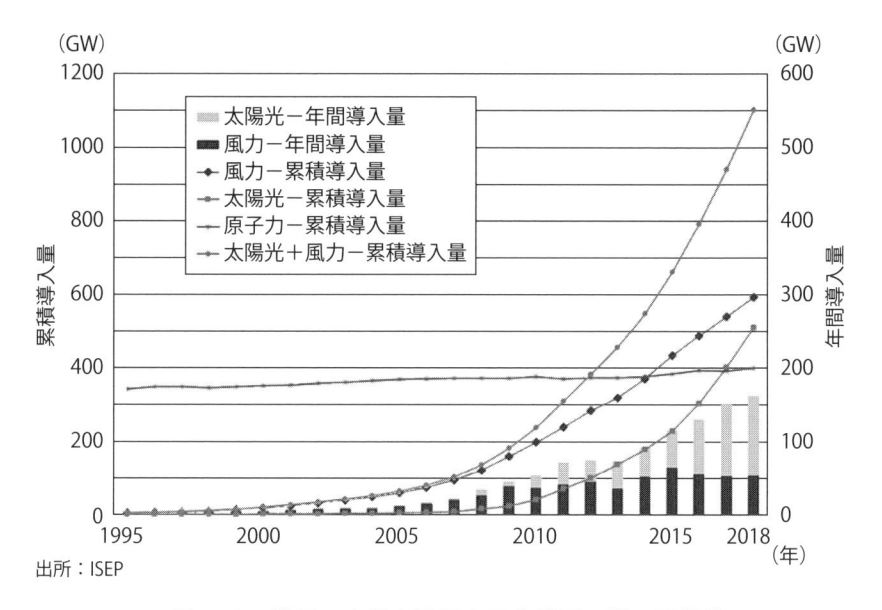

▶ 図1-3　世界の太陽光発電と風力発電の導入量推移

で再生可能エネルギーの本格的な導入が始まったことは世界の再生可能エネルギー市場の拡大に貢献した。この他、2008年にイスラエル、2008年にオーストラリアの南オーストラリア州、2014年には中東ながら石油・天然ガス資源に乏しいエジプトがFITの導入に踏み切るなど、FITはますます広い地域へ広がっていった。

　世界的なFITの普及により、世界の再生可能エネルギーの導入量は飛躍的に拡大した（**図1-3**）。再生可能エネルギー導入策としてのFITの有効性は明らかである。規制下で特別な権限を持った電力会社が義務で導入するのではなく、個人や事業者が経済的観点で導入するようになった。つまり再生可能エネルギーの市場化を図ったことも、FITが短期間で多くの国に波及した理由である。

FIT 終了後の EU：FIT から FIP へ

　世界的な再生可能エネルギーの普及により顕著になったのが、風力発電の

コストの低下である。ドイツ、デンマーク、イギリスなど強い偏西風が吹く国で大型のウィンドファームが建設され、大幅にコストが下がったことが理由だ（図1-4）。同じように風況と平坦な土地に恵まれたアメリカ北西部・中西部の平原、中国西部の新疆ウィグル自治区や内モンゴル自治区などでも、2000年代後半から同時多発的に風力発電の大量導入が進みコストが下がった。市場の広がりが世界の工場となった中国が技術力を急伸した時期と重なり、ゴールドウィンド（新疆金風科技）など強力な中国メーカーが育つことにつながったことも、世界的なコストの低下の要因だ。

　風力発電コストの低下で、ドイツではFITに頼らなくても再生可能エネルギーを導入できる環境が整った。再生可能エネルギー電力の変動を調整するコストを除けば、風力発電は天然ガス火力や石炭火力に近い水準までコストが低下し、普通の電源として自立できるようになりつつある。

　一方、ドイツでは再生可能エネルギーの導入に伴うコストが再生可能エネルギー賦課金や環境税として課されたため、電力価格が上昇し消費者や産業界などから批判が出るようになった。ドイツの電力価格は1999年に始まった電力自由化で一時的に低下したが、過当競争で新規参入者の撤退が相次ぎ、再び市場が寡占化すると電力価格は上昇に転じた。そこに、再生可能エネルギーの導入コストが上乗せされ価格が上昇したのである。発電コストだけでなく、再生可能エネルギーの導入に欠かせない送電網整備の負担がコストを押し上げた面もある。

　こうした背景から、EUでは「FITという官が価格を設定する価格固定型の市場」から「価格に競争性を持たせる価格変動型の市場」への移行が進んでいる。再生可能エネルギーの電力を一般電力と同じ価格で取引した上で、プレミアム価格で補塡するFIP（Feed In Premium：フィードイン・プレミアム）の導入である。FIPは再生可能エネルギーの価格が完全な市場価格に移行するまでの間に緩和措置（すなわちプレミアムの上乗せ）を設け、緩和措置を次第に小さくしていくことで、最終的に再生可能エネルギーが他の電源と同じ土俵で競争することを目指す制度である。買取価格が変動する分、FITに比べて発電事業者にとってはリスクが高くなる。各国は工夫しながらFIPを導入し始めているが、大別するとプレミアムを固定させるアプローチ（プレミアム固定型）と変動させるアプローチ（プレミアム変動型）がある。

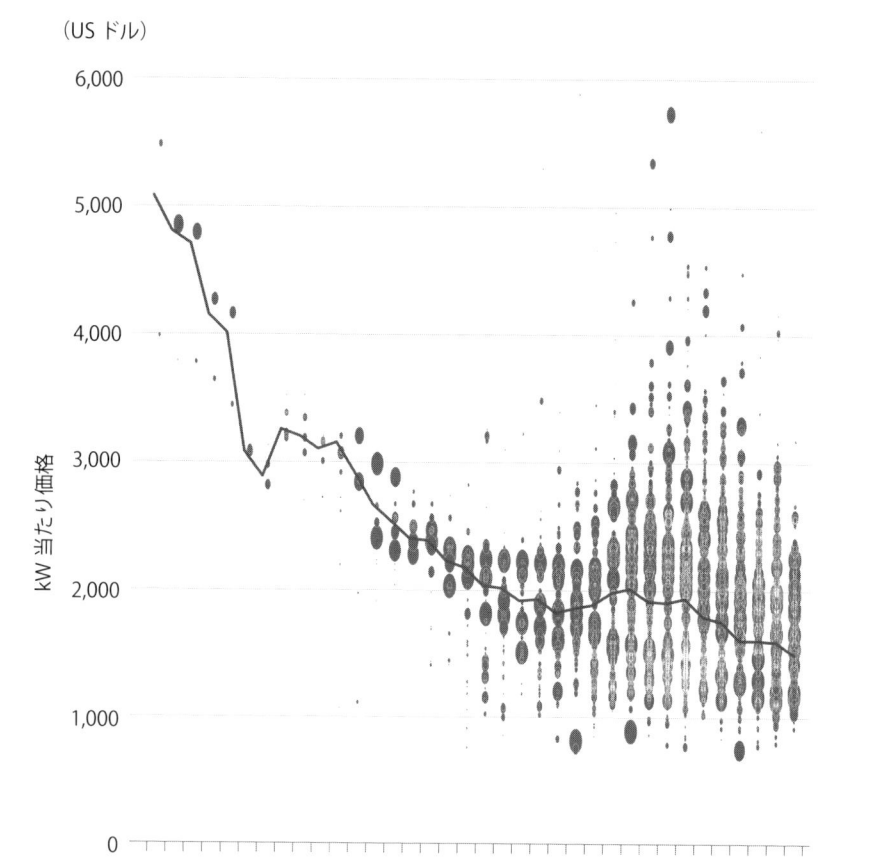

（US ドル）

kW 当たり価格

Capacity MW　≦1　・100　● 200　● 300　● 400　● ≧500

世界の陸上風力発電の導入コスト平均値は、1983 年の kW 当たり 5,000 ドルから 2018 年の kW 当たり 1,500 ドルまで 35 年間で 71% 下落した。これはタービンコストとプロジェクト実施コストの低下により実現されている

出所：IRENA（国際再生可能エネルギー機関）

▶ 図1-4　世界の陸上風力発電コストの低下

プレミアム固定型は、発電事業者が卸電力市場で市場価格に応じた売電収入を得つつ、固定のプレミアム価格の収入を得ることができる仕組みである。市場価格をベースにしている分だけ、市場取引に近いアプローチと言える。再生可能エネルギーの導入コストを最も抑えることができる一方、発電事業者が十分な収入を確保できない可能性もある。FITで適正な固定価格を設定するのが難しいのと同様、適正なプレミアム価格を設定するのも難しい。かつてスペインが導入したが廃止したという経緯もある。

　そこで、「プレミアム固定型」の変形として、買取価格に「市場価格＋プレミアム」の下限値を設けて、最低限の収入を約束することで発電事業者のリスクを抑え、参入意欲を失わせないようにするというアプローチも考えられている。同様に、上限を設けて発電事業者の収入を一定の範囲内に制限し、発電事業者が適正な水準以上に利益を上げることを防ぎ、国民負担を抑えるアプローチもある。こうした上限・下限付きのプレミアム固定型を導入しているデンマークでは、2017年に実施された2021～2025年の洋上風力発電プロジェクトの入札で"プレミアム価格がゼロ"という事例が出ている。このことから、洋上風力発電など将来的にコスト低下が見込まれる分野で導入される可能性がある。

　プレミアム変動型は、卸電力市場の取引価格が一定値を下回る場合に、発電事業者に対して一定値との差額をプレミアム価格として補填する仕組みである。FITに近い価格保証とも言えるが、入札により買取価格を決めることで競争性を取り入れ、電力価格を卸電力市場の取引価格としている点が異なる。将来的には市場価格を買取価格のベースとすることで、プレミアム価格なしの完全な市場取引に移行することを視野に入れている。買取保証価格を市場価格が上回る場合はプレミアム価格の支払いが必要ないため、FITに比べて国民負担を抑えることができる。プレミアム変動型は、FITで先行したドイツ、イタリアなどで導入されている（**図1-5**）。

　ドイツでは2012年に再生可能エネルギー電力を卸電力市場へ直接販売する制度が導入され、2014年8月には一定規模以上の新規の再生可能エネルギー発電設備にはFIPの適用が義務化されている。変動型と称しながら月単位ではプレミアム価格を固定するなどの工夫がなされており、試行錯誤の中で市場価格での取引への移行を図っていると言える（**図1-6**）。

FIP について（比較）

FIP 制度の種類	概要	メリット	デメリット	採用実績のある国
プレミアム固定型 FIP	電力卸市場価格に固定されたプレミアムを付与	電力需要の大きい時間帯における再エネ供給インセンティブが高まる	卸電力価格の変動に再エネ事業者の利益が大きく左右される	・スペイン (-2007)
プレミアム固定型 FIP（上限・下限付）	市場価格とプレミアムの和に上限と下限を設定したもの	卸電力価格の変動による事業の収益性への影響をある程度低減できる	適正な上限値、下限値の設定が難しい	・スペイン (2007-13) ・デンマーク
プレミアム変動型	電力卸市場価格の上下に応じて、付与するプレミアムが変動する	卸電力価格の変動による収益性への影響を低減できる	市場価格が低下した場合、賦課金が増大	・イタリア ・ドイツ ・オランダ ・スイス

主な FIP の種類（イメージ図）

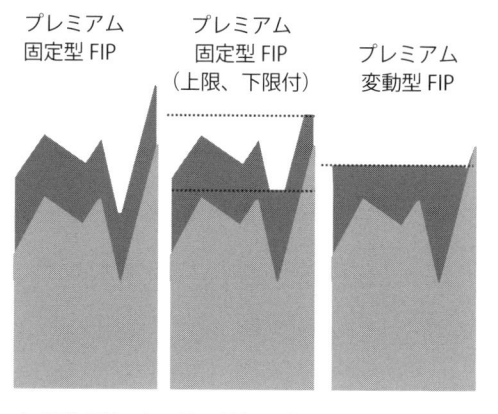

出所：資源エネルギー庁「再生可能エネルギー政策の再構築に向けた当面の対応」2019 年 4 月 22 日

▶ 図1-5　EUで導入されているFIPの分類

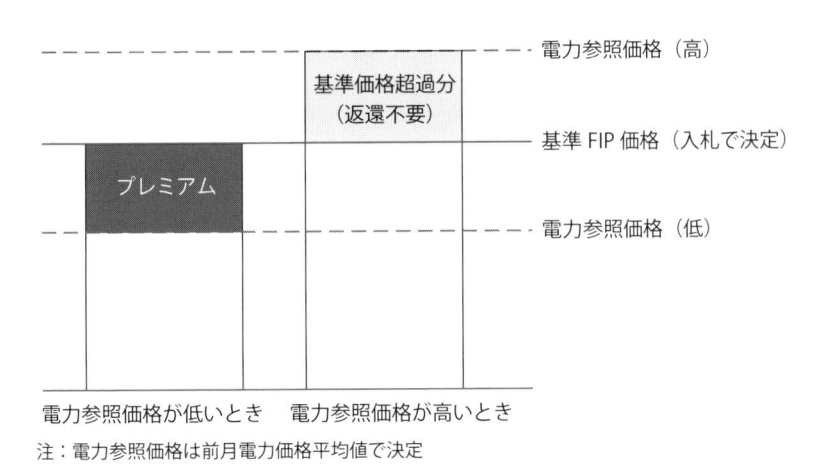

電力参照価格（高）

基準価格超過分
（返還不要）

基準FIP価格（入札で決定）

プレミアム

電力参照価格（低）

電力参照価格が低いとき　電力参照価格が高いとき

注：電力参照価格は前月電力価格平均値で決定
出所：電力中央研究所資料をもとに作成

▶ 図1-6　ドイツの変動型FIP

　発電事業者間の競争でコストが下がれば、プレミアム価格はなくなってい
く。価格低下で先行した風力発電にとって、FIPは普通の電力として市場価
格で取引されるようになるための第一歩とも言える。試行錯誤があるもの
の、ドイツを筆頭にEUの再生可能エネルギー事業が価格固定のFITから卒
業する段階まで来たことを示している。

混乱の中で 始まった日本版FIT

東日本大震災での形勢逆転

　2000年代まで、原子力発電の導入拡大によるCO_2排出削減をエネルギー政策の中心に据えていた日本では、発電量の変動が大きく、調整コストがかかる再生可能エネルギーは電力システムが不安定に陥らない水準に抑えるべき、との意見が主流となっていた。

　当時は、電力会社（旧一般電気事業者）にはRPS[3]制度による再生可能エネルギーの導入が義務づけられており、電力会社はRPS制度で効果を上げられるとしていた。家庭用の太陽光発電の余剰電力を電力会社が自主的に買い取る仕組みは、電力会社がコストの高い再生可能エネルギーを最大限導入したことによる成果とされていた。

　今になって振り返ると、日本は世界的な再生可能エネルギー市場の動向を見ず、内向き志向に陥っていた。2005年に年間太陽光発電導入量がドイツに逆転されたにもかかわらず、政府は市場が自律的に立ち上がったとの判断で、2006年に家庭用太陽光発電への補助金を打ち切った。サンシャイン計画以来、国の政策に従って研究開発を進めてきた太陽光発電への投資が回収できなくなると焦った太陽光発電メーカーは、2007年に始まった地球温暖化対策に積極的だった福田政権、その後の麻生政権にFITの導入を働きかけた。その甲斐もあり、麻生政権時代に余剰電力買取制度が具体化し、政権交代後まもない2009年11月に制度がスタートしたのである。このとき、事業用太陽光発電の電力を全量買い取る制度に範囲を拡げる実質的なFITについても導入が既定路線とされており、事業用太陽光発電の買取価格を20円台とする、緩やかな導入拡大を想定した制度が検討されていた。検討の段

3　Renewables Portfolio Standardsの略

階では、国民の間に再生可能エネルギーへの期待もそれほど高くなかった。メディアからはFITの導入で年間数千億円の国民負担が生じるとの批判が出ていたほどである（**表1-2**）。

　そうした状況を一変させたのが2011年3月11日の東日本大震災である。冬の寒さが残る3月の夕方に暖房需要が急増し、需給バランスが崩れて電力システムが停止するリスクが生じたため、東北、関東地方で大規模な計画停電が実施された。余震が残る中での停電への不安で、既存の電力システムに対する不満が国民の中に醸成されていった。

　一方で、原子力発電所が稼働停止に追い込まれたことで、いやがうえにも原子力発電以外の電源への期待が高まることになった。原子力発電の欠落を代替するために天然ガス火力がフル稼働する中、足下を見た海外の資源会社が高値でLNGを販売し、日本の電力システムが厳しい状況に追い込まれるという事態も発生した。

　こうして、国内資源を用いた再生可能エネルギーを増やすべき、との意見が勢いを増し、建設の手間が少なく短期に発電量を増やせる再生可能エネルギーである太陽光発電に注目が集まった。そうしたムーブメントが、FITが法制化するタイミングに重なり、菅政権は政権が中心になって推進すべき政策として法案への関与を強めた。この機に乗じ、FITによる利益を狙う勢力の働きかけが強まり、あっという間に買取価格が吊り上げられ、事業用太陽光発電の電力に対して40円/kWhという、世界的に見ると破格の買取価格が確定した。振り返れば、東日本大震災以前のエネルギー政策が世界の動向を見失っていたのと同じように、このときのFIT導入勢力も世界市場の動向から乖離していた。

不運が重なったスタート

　上述したように、東日本大震災以前日本のFITの導入はEUでのバブル的な様相も踏まえて冷静に議論されていたが、東日本大震災後を契機にいくつかの不運が重なり、世界にも稀に見る高価格が設定された。

　1つ目は、原子力発電事故への社会的な批判が冷静な判断を失わせたことである。本来、電力システムは多様な電源のポートフォリオを送配電網の中

▼表1-2 東日本大震災以前（2010年3月31日時点）の固定価格買取制度の検討状況

ケース	A. 買取対象	B. 住宅用太陽光発電の取り扱い	C. 新設・既設	D. 買取価格	E. 買取期間	導入量（万kW）	想定年間発電量（億kWh）	CO_2削減量（万t）	CO_2削減コスト（円/t）	年間買取費用（億円）
1	A1 あらゆる再生可能エネルギー	B1 全量買取	C1 新設＋既設		E3 20年	3,773以上	513以上	3,075以上	52,297以下	16,083以上
3	A2 実用化されている再生可能エネルギー			D1 一律価格 20円 / 15円	E3/E2 20年 / 15年	3,155~3,773 / 3,155~3,474	397~513 / 397~481	2,382~3,075 / 2,382~2,887	25,743~28,854 / 19,407~21,798	6,131~8,873 / 4,622~6,292
4		B2 住宅用太陽光発電等は余剰買取	C2 新設のみ							
5				D2 コストベース	E2 15年	3,102	397	2,382	20,596	4,906

出所：全国都道府県議会議長会ホームページ

でいかに安定して運用するか、という視点が重視されるべきである。しかし、冷静な判断力を失ったことで、原子力がなくても再生可能エネルギーに一気に切り替えることができるような論調が幅を利かせた。

2つ目は、政権交代以降、目に見える成果を出せない中で、民主党政権が起死回生の一手として、FITによる再生可能エネルギーの導入で国民にアピールしようとした点である。時の菅政権は福島第一原子力発電所事故への対応を批判され、FIT成立の必要性を訴えることで支持向上を図ろうとしたとされる。

3つ目は、送電インフラへの投資余力のない状況でのFIT導入となったことである。ドイツでは、風力発電の導入と同時に大規模な送電線建設を進めている。日本では、自由化、人口減少という環境下で電力会社の投資余力が落ち、国も補完するための十分な財政余力がない中で再生可能エネルギーを導入しなければならなかった。それが、需要家に対して過大な負担を課すことにつながった。

本来、FITは発電コストの低下に合わせて買取価格を下げ、国民負担となる賦課金を最適化するように計画が練られるべきだ。冷静さを欠く雰囲気の中で、再生可能エネルギーを一日でも早く導入することが至上命題となり、過大な買取価格による短期的な大量導入を許してしまった。その結果、IRR（内部収益率）が100％を超える案件が容易に創出できる官製バブル市場ができ、金目当ての投資家に利益をもたらすだけ、という状況に陥ったのである。また、再生可能エネルギーを日本全体で融通するための広域送電網の整備ができない状態で、無理矢理大量導入を図ったため、出力抑制が避けられなくなり発電能力を十分に活かせなくなってしまった。受け入れ能力を無視した再生可能エネルギー導入の結果である。

3 巨額の負担と限られた成果

40兆円を超える国民負担

　現在、FIT検討当初とはケタ違いの国民負担が発生している。2019年度の再生可能エネルギーの買取費用総額は3.6兆円と、前年度比約0.5兆円上昇した。再生可能エネルギー賦課金による国民負担は2.4兆円となっており、2030年度には4.0兆円に達すると見込まれている。このままで行けば、2030年度までに総額で40兆円を超える国民負担が生まれることになる（**図1-7**）。年間平均では2兆円を超え、今回の消費増税の緩和策を見込んだ場合の国民負担と同水準だ。最近は買取価格の低下で、エネルギー会社が低利回りの発電資産として再生可能エネルギーに投資する例も増えてきたが、FIT開始当初のリターンの少なからぬ部分が海外の投資家に流れたとされる。FITのように法律でリターンが約束されたローリスク投資の利回りは低くなるのが当然だが、上述した混乱の中で作られた制度がローリスク・ハイリターンを許した。

　制度の不備を突いた世界中のハゲタカに、国民がなけなしの資金をプレゼントするという結果となった面がある。政府は2019年10月～12月の国内総生産GDPが前期比1.8％減、年率換算で7.1％減になったと発表した。世界経済の減速もあるが、消費増税による消費の減退も原因の1つとされている。それと同規模の負担が10年近くわたり国民に課され、少なからぬ部分が海外に流出したとすれば経済、政治的に大きな問題である。FITの経済的なインパクトについては、いずれに適切な分析と説明がなされるべきだ。

　FITによる国民負担に対する不満は、現状では不思議なほど聞こえてこない。実質的な負担はそれほど変わらない消費税に比べ、反対の声が少ないのには理由がある。

　1つは、恣意的とも思えるほど国民に対してきちんとした説明が行われてい

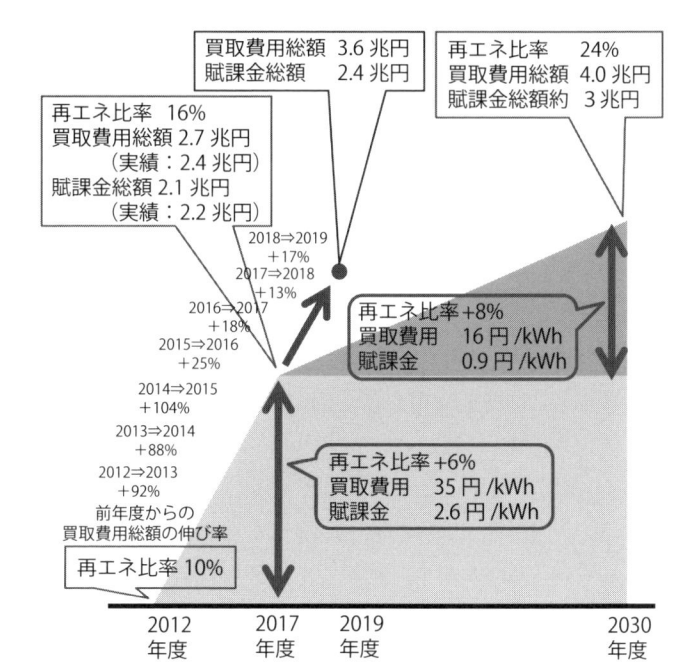

買取費用総額　3.6 兆円
賦課金総額　　2.4 兆円

再エネ比率　24%
買取費用総額　4.0 兆円
賦課金総額約　3 兆円

再エネ比率　16%
買取費用総額 2.7 兆円
　（実績：2.4 兆円）
賦課金総額 2.1 兆円
　（実績：2.2 兆円）

2018⇒2019
+17%
2017⇒2018
+13%
2016⇒2017
+18%
2015⇒2016
+25%
2014⇒2015
+104%
2013⇒2014
+88%
2012⇒2013
+92%
前年度からの
買取費用総額の伸び率

再エネ比率 10%

再エネ比率+8%
買取費用　　16 円 /kWh
賦課金　　　0.9 円 /kWh

再エネ比率+6%
買取費用　　35 円 /kWh
賦課金　　　2.6 円 /kWh

2012
年度
2017
年度
2019
年度
2030
年度

（注）2017 ～ 2019 年度の買取費用総額・賦課金総額は試算ベース。2030 年度賦課金総額は、買取費用総額と賦課金総額の割合が 2030 年度と 2017 年度が同一と仮定して算出。kWh 当たりの買取金額・賦課金は、（1）2017 年度については、買取費用と賦課金については実績ベースで算出し、（2）2030 年度までの増加分については、追加で発電した再エネが全て FIT 対象と仮定して機械的に、①買取費用は総買取費用を総再エネ電力量で除したものとし、②賦課金は賦課金総額を全電力量で除して算出。

出所：資源エネルギー庁「再生可能エネルギー政策の再構築に向けた当面の対応」2019 年 4 月 22 日

▶ 図 1-7　国民負担の増大

ないことだ。そもそも、電力会社からの領収書に賦課金額が書かれていることを知らない人も少なくない。メディアも消費税の負担に比べて報道が少ない。

　もう1つの理由は、電力自由化と重なったことだ。電力消費が月350kWh程度の一般家庭では、1,000円程度の再生可能エネルギー賦課金を自由化による単価の低下が打ち消している。言い換えると、電力自由化で単価を下げざるを得なくなった電力会社が需要家賦課金の負担を引き受けているようなものだ。本来、国民が享受すべき自由化の果実の行方が曖昧になったとも言える。

国民負担を下げる手立て

　国民に対してきちんとした説明をすれば、将来負担がさらに増えた場合、批判の声が高まることは容易に想像される。そこで国民負担の抑制のために、2つの対策が取られている。

　1つ目は、電力会社（あるいは新電力）に負担を肩代わりしてもらうことである。再生可能エネルギーの賦課金は、FITで決められた固定買取価格のうち、電力会社（あるいは新電力）が負担する額（回避可能費用）では足りない部分を補填する制度とも言える。FIT開始当初、電力会社には再生可能エネルギーの買取価格をなるべく再生可能エネルギー賦課金として計上し、自らの負担になる回避可能費用を下げる、というインセンティブが働いたとされる。

　新電力にとっても電力会社の代わりに再生可能エネルギーの電力を買い取る場合、回避可能費用ベースでなるべく安く電力を買い取り、高い賦課金のついた再生可能エネルギー電力を販売するインセンティブが働いた。こうして新電力は、FITで買い取った再生可能エネルギー電力を売るビジネスを多く手掛けることとなった。新電力の側にも、回避可能費用は低すぎる、と批判する理由はなかったのである。こうした利益創出の仕組みに目をつけた資源エネルギー庁は、回避可能費用を見直せば国民負担を下げることができると判断したのである。

　2つ目は、稼働を先延ばしにして利益を上げようとする事業者に、早期の発電所稼働かプロジェクトの撤退の判断を求めることである。2019年5月時点[4]で、FITで認定された太陽光発電のうち、2012年度認定案件（買取価格40円/kWh）の281万kW（19%）、2013年度認定案件（買取価格36円/kWh）の1,164万kW（44%）、2014年度認定案件（買取価格32円/kWh）の685万kW（55%）、2015年度認定案件（買取価格27円/kWh）の157万kW（45%）が未稼働となっている。

　固定買取価格は、制度開始時点に近い案件ほど高い一方、発電所建設コス

4　「再生可能エネルギー政策の再構築 に向けた当面の対応」2019年5月30日資源エネルギー庁

トは年を追うごとに低下する。したがって、発電事業者の中には早めに認定を取り、発電所開設を遅らせることで利益を多くしようとする輩が出てくる。こうした事業者の目論見通り、高い買取価格が設定された初期の発電所プロジェクトが遅れて稼働すれば国民負担が増大する。

　制度の趣旨を逆手に取った行為を抑えるため、国は認定を取得したにもかかわらず、2017年3月末までに電力会社との間で系統接続契約を行っていない事業者への認定を取り消す方針である。また、系統接続契約を行いつつ稼働していない発電所に対しては運転開始の期限を区切り、期限を過ぎた分だけ買取期間を短くする措置を講じた。

　こうして一定の国民負担抑制の対応策はとったものの、本質的な制度の転換が行われた訳ではないし、削減できる国民負担は一部である。再生可能エネルギーの導入拡大に当たり、国民負担をいかに抑えるかが引き続き課題となることは間違いない。

衰退した再エネ産業

　これだけの負担があったのなら、サンシャイン計画以来日本が力を注いできた太陽光発電産業が成長していなくてはいけないのだが、結果は逆だ。日本の太陽光発電メーカーは、2000年頃にはシャープ、京セラ、三洋電機などが世界のトップ10の上位を独占していたが、2018年時点では世界の上位に日本企業は影も形もない。日本はFIT時代に競争力を失ってしまったのである。国内のFITでの高い買取価格に甘んじ、過去の研究開発の投資回収に目が行き、グローバルな競争に日本市場をどう活かすか、という視点は影を潜めてしまった。

　リーマンショック後に、シャープや三洋電機のように会社自体が経営難に陥り、事業の成長に向けた投資不足したことも日本の太陽光発電産業にとて不幸であった。ドイツの太陽光発電産業は中国との競争に敗れる結果となったが、その後、屋根置き太陽光発電の電力を蓄電池で変動を調整し地域で融通するビジネスモデルを展開するゾンネン（Sonnen）社のモデルなど、次世代型のビジネスを創出し続けている。ドイツを追ってFITの国内導入を求めた日本太陽光発電メーカーは、制度導入という目的を達成する

と、次の成長戦略を描き切れなくなってしまった。

　グローバル市場での地位を失った上、FITで急成長した国内市場をも中国メーカーに奪われた。2019年度第2四半期、FITで国内に設置された太陽光発電パネルの国内メーカーのシェアは45.8%だが、国内生産に限れば20.2%に過ぎない。100%に近かったFIT導入以前と比べると、激減と言っていい状況である。FITの導入は日本の太陽光発電メーカーの復活どころか、世界トップ10に君臨する中国メーカーの草刈り場になってしまったのである。

　風力発電メーカーに至っては、海外メーカーのシェアが7割を占めている。デンマークの風力発電メーカー・ヴェスタスと提携した三菱重工が世界市場で唯一存在感を示しているが、他メーカーは国内市場の一部を死守するのが精いっぱいの状況だ。

発電ポートフォリオをゆがめたメガソーラーラッシュ

　日本版FITの制度設計の間違いは、発電ポートフォリオ（エネルギーミックス）をゆがめることにもつながった。送電網の整備や調整負担軽減の仕組みを講じないうちに、買取価格の高い期間に申請された大量のメガソーラーを認定してしまったことで、発電コストの高い初期段階のメガソーラーほど投資が促進された。天然ガス火力など既存電源は稼働が下り、太陽光発電の側も発電量の調整を迫られた。それは、火力発電、太陽光発電双方にとって発電コストを押し上げることにつながった。負担はいずれ国民に返ってくることになる。

　電力システムの脱炭素化を図る際には、様々な再生可能エネルギーを導入しながらも、変動調整の負担が少なく発電コストの低い電源の組み合わせを追求しつつ、送電網の機能を強化し、再生可能エネルギーの比率を徐々に高めるというプロセスを経なくてはならない。本来、10年単位の時間をかけて取り組むべき政策である。それがFITによる短期のメガソーラー一本やりの導入で、発電ポートフォリオのコストを押し上げてしまった。混乱の中で導入された日本版FITの中で起こった顕著な問題だが、事業者のインセンティブに働きかけるFITには、もともとそうしたアンバランスを生み出

す素養が内包されているとも言える。ドイツには世界中からエネルギー関係者が来訪するが、EUの広域送電網の規模で見れば、再生可能エネルギーの大量導入に向けた問題が解決されている訳ではない。

　そう考えると、しかるべき検討なしに押し進めた日本版FITは、FITが内包する問題を短期かつ顕著に浮かび上がらせた壮大な社会的実験であった、と捉えることも可能である。日本版FITが東日本大震災という未曽有の危機を経て、多くの犠牲と負担を伴って実施したものであることを考えるのであれば、そうした前向きな捉え方を持ち将来に向けた礎としよう、とする姿勢が大切なのかもしれない。

　本書ではそうした認識に立ち、以下のような流れで論を進める。

　第1章で、ここまで述べたようにFITが何であったのかを振り返った後、第2章では日本版FITが施行されてからの10年弱の間にエネルギーに関係する分野で、世界中でどのようなことが起こったのかを概観する。その上で、第3章と4章では卒FITのシナリオを想定した上で、FITが内包する問題を乗り越え、再生可能エネルギーの大量導入を効率的に達成するための仕組みとそこから生まれるビジネスモデルを提示する。

第2章

電力システムをめぐる
10年間の潮流

電源競争力の大変革

予想を超えた再エネ価格の低下

　石油資源のない日本は、中東のオイルショックをきっかけにサンシャイン計画を推進し、京セラ、三洋電機（現パナソニック）、シャープなどが世界の太陽光発電の技術開発をリードした。発電コストの高い太陽光発電が当初ターゲットとしたのは、当時市場が立ち上がり始めていた電卓用と住宅用の需要であった。それが、狭い面積で高効率に発電することを至上命題とすることにつながった。日本企業は単位面積当たりで世界最高の発電効率を追求し、単結晶、多結晶のシリコン系に加え、CISなどの化合物系、色素増感型などの有機系、さらにはフィルム型アモルファス系などの太陽光発電の技術開発に傾注していった。電卓用も住宅用も市場が限られていたため生産量の拡大は限定的で、住宅用太陽光発電は導入促進のための補助金に依存する状態が続いた。

　企業にとってもコストの高い産業用太陽光発電は、CO_2削減で社会貢献するツールに留まり、儲からない事業との認識が定着した。再生可能エネルギーの導入拡大を図るRPS（Renewable Portfolio Standard）制度でも、電力会社は発電コストが相対的に低い風力発電を優先し、発電用太陽光発電の導入は極めて限定された。RPSでは電力会社にとって現実的な目標値が設定されたため、2010年度時点での再生可能エネルギー導入量は発電容量100万kW程度、発電量100億kWh程度、総発電量の1%に留まっていた。

　こうした日本の常識を変えたのがドイツのFITである。ドイツはFITにより、投資家にとって魅力的な電力買取価格を設定して再生可能エネルギーの大量導入を促す、というアプローチを取った。事業者は単位面積当たりの発電効率は低くても、価格の安い太陽光発電パネルを広い場所に敷き詰め、投資規模で勝負するようになった。その結果、価格の安いシリコン系太陽光

発電の大量生産が進みコストが低減する、という規模の経済のサイクルが機能するようになった。

　日本でも2012年にFITが導入され、太陽光発電のコスト低下につながった。40円で始まった太陽光発電のFIT買取価格は、2012年度40円、2015年度29円、2018年度18円と、3年で10円のハイペースで低減した。2019年度は500kW未満のFIT価格が14円/kWと設定され、500kW以上では入札が導入された結果、第4回入札では10.5円/kWhで応札する事業者が出た。FIT導入当初の価格と比べて3分の1から4分の1までコストが低下したことになる。当初の買取価格が高すぎた結果でもあるが、FITが太陽光発電の発電コストの大幅低減に貢献したのは間違いない（**図2-1**）。

　これは日本が先行したグローバル市場から受けた恩恵でもある。買取価格が高い間はコスト削減のインセンティブが働かなかったが、買取価格が低下すると、投資回収のためにグローバル市場で鍛えられた安価な太陽光発電パ

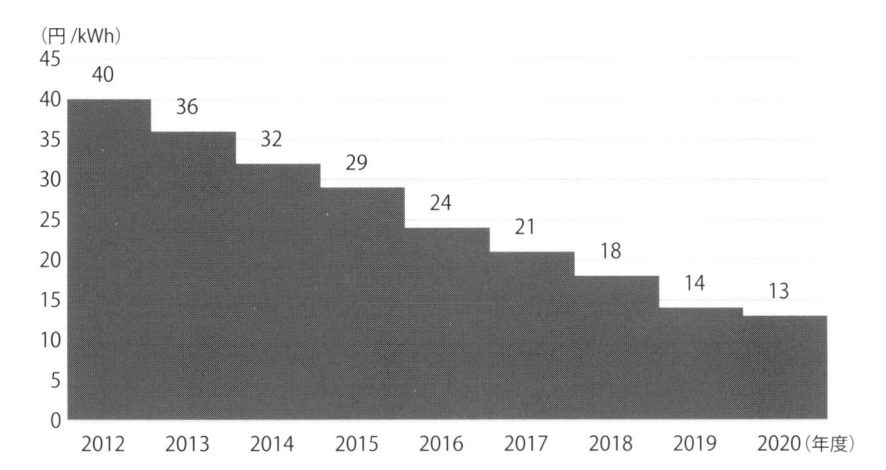

注：2015年度は7/1以降、27円/kWh
　　2018年度は2000kW以上の設備に入札制度適用
　　2019年度は500kW以上の設備に入札制度適用
　　2020年度は50kW以上の設備に入札制度適用
　　2020年度は50kW未満は13円/kWh、
　　　　　　　50～250kWは12円/kWh、250kW以上の設備に入札制度適用
出所：資源エネルギー庁資料をもとに作成

▶ 図2-1　事業用太陽光発電（10kW以上）の買取価格推移

ネルの調達が徹底されたのである。具体的にはドイツ、イタリア、スペインなどのEU市場、自国を含むアジアのFIT市場を勝ち抜いた中国勢が存在感を高めた。一時は中国製パネルの品質に対して懐疑的な投資家もいたが、普及するにつれて中国製パネルの品質が認められ、太陽光発電のコスト低下にドライブがかかった。

　大量導入によるコスト削減を追求する市場で力のある企業が競い合えば、シリコン系のような汎用技術でも十分にコスト削減の余地があることを示す経緯だ。

原子力発電への逆風と高コスト化

　東京電力福島第一原子力発電所の事故を受けて、2013年9月にはすべての原子力発電所が停止したが、2015年9月の九州電力川内原子力発電所を皮切りに、四国電力伊方原子力発電所、関西電力高浜原子力発電所と、西日本の電力会社を中心に原子力規制委員会の認可を取得した。原子力関係者に安堵が広がり、焦点は東京電力の認可に移ったかに見えた。

　その状況を変えたのが、2016年3月の大津地方裁判所による差止仮処分命令である。再稼働で運転中の関西電力高浜原子力発電所が運転停止に追い込まれ、再稼働の流れが逆戻りする懸念が広がったのである。四国電力伊方原子力発電所でも裁判所での係争が続いた。2020年1月には、広島高等裁判所が山口地方裁判所岩国支部で却下した差止仮処分命令の抗告審で、差止仮処分命令を決定している。再稼働と差止を繰り返す事態が続き、原子力発電所の全面再稼働に向けた道のりは不透明になっている。

　一方で、規制に対処するために原子力発電所の発電コストが上昇している。2011年のコスト等検証委員会で8.9円/kWhと評価された発電コストは、2015年の長期エネルギー需給見通しで10.1円と評価された（**表2-1**）。

　評価見直しの大きな要因は、kWh当たり単価を0.4円上昇させた追加的安全対策費である。2013年7月に施行された原子力発電所の安全対策に関する新たな規制基準では、テロ対策（意図的な航空機衝突への対応）、シビアアクシデント対策（放射性物質の拡散抑制対策、格納容器防止対策、炉心損傷防止対策）が新設され、自然災害に関しても、火山・竜巻・森林火災への対

▶ 表2-1　政府の原子力発電コスト試算

	コスト等検証委員会 （2011年）	長期エネルギー 需給見通し（2015年）	差分
社会的費用	1.6	1.6	0
事故リスク対応費用	0.5	0.3	− 0.2
政策経費	1.1	1.3	0.2
発電原価	7.2	8.5	1.3
核燃料サイクル費用	1.4	1.5	0.1
追加的安全対策費	0.2	0.6	0.4
運転維持費	3.1	3.3	0.2
資本費	2.5	3.1	0.6
合計	8.8	10.1	1.3

出所：内閣官房、資源エネルギー庁資料より作成

応が新たに求められた。これにより、2011年のコスト等検証委員会でモデル発電所1基当たり194億円と見積もられた追加的安全対策費が601億円に上昇したのである。

　安全対策による建設費や廃炉費用が上昇したため、資本費もkWh当たり0.6円上昇している。原子力発電所全体で負担する政策経費や核燃料サイクル費用も0.3円/kWh上昇した。廃炉や稼働停止が続けば1基当たりの共通費用の負担が嵩むので、原子力発電所のコストは今後も上昇する可能性がある。

火力発電の競争力低下

　東日本大震災後に関東、東北を中心に電力不足に陥ると、電源確保のためにあらゆる対応策が講じられた。電灯の取り外し、LED化、オフィスの暖房や冷房の抑制など即効性のある節電に加え、供給側では設置期間の短い太陽光発電所の建設、石油や石炭の老朽火力発電の復帰、火力発電所の空きスペースでの天然ガスタービンの増設などが進められた。新設に慎重になって

いた石炭火力発電の増設を政策当局が容認したことで、環境アセスメントにかからない11.2万 kW 以下を中心に、数多くの石炭火力発電が新設された。この結果、2011年以降火力発電の発電量割合は8割を超え、2014年には9割近くに達した。LNG 調達量の急増で日本は足下を見られ、LNG 価格が急上昇するという事態にも陥った。

　火力発電への依存は CO_2 排出量を高めるが、東日本大震災後の節電による電力使用量の低下や、東日本大震災後に電力不足に苦しむ日本への配慮で、海外から批判を浴びる事態は回避されていた。

　この状態を変えたのが2016年11月のパリ協定の発効である。パリ協定では先進国間で合意された京都議定書と違い、温室効果ガスの削減目標は各国の自主的な判断に委ねられ、目標値に対するペナルティも課されないこととなった。ドイツなど EU 諸国は国際的な主導権の確保を目的に、また発展途上国は自国の再生可能エネルギー市場への投資呼び込みのために、あえて高めの目標を設定し合う競争が起こった。欧州の金融界は巨大な再生可能エネルギー投資市場の創出を狙い、石炭火力の退出を図った。その一端が、石炭火力は地球温暖化を促進する発電であり、将来的に維持できず回収不能な資産となる、とする座礁資産論である。

　当初、日本の政策当局は座礁資産論を深刻に受け止めていなかったが、グローバルにビジネスを展開する日本企業は欧州が仕掛ける戦略の影響を無視できなくなった。投資銀行家により創設されたオックスフォード大学スミス企業環境大学院が石炭火力の座礁資産リスクに晒される日本企業を公表したことで、日本企業は投資家からネガティブ評価を受けるリスクにさらされた。これにより、三菱商事は2019年の ESG 報告書で新規の石炭火力への投資を行わない方針を提示、三井住友銀行は超々臨界、IGCC 以外の石炭火力には融資を行わないことを表明、三菱 UFJ 銀行は実施的に石炭火力への融資を行わない方針を表明、など日本企業は次々に対処の姿勢を示した。それでも、三菱商事が NGO からベトナムの石炭火力案件からの撤退を求められるなど、国際的圧力はますます高まりつつある。今後、日本でも石炭火力の資金調達が困難となる事態が起こり得る。

　国際的な圧力は天然ガス火力にも及びつつある。欧州は、低炭素（Low Carbonization）から脱炭素（Decarbonization）に舵を切り、天然ガス火力

▶ 表2-2　公的セクターを中心とするサステナブルファイナンスの動向

年	内容
2006年	国連が責任投資原則（スチュワードシップ・コード）を策定し、保険・年金基金運用者である機関投資家にESG（環境・社会・企業統治）投資の反映を要望
2000年代後半	オックスフォード大学スミス企業環境大学院が設立（2008年）されるなど、EUを中心にサステナブルファイナンスの取り組みが拡大
2010年代前半	日本でのESG責任投資原則への署名する機関投資家の数、資産規模が拡大
2015年	国連責任投資原則に世界最大の年金基金運用者である日本のGPIF（年金積立金管理運用独立行政法人）が署名
2015年	COP21（第21回気候変動枠組条約締結国会議）でパリ協定採択
2015年	国連サミットでSDGs（持続可能な開発目標採択）
2015年	COP21（第21回気候変動枠組条約締結国会議）でパリ協定採択
2018年	EU委員会がサステナブルファイナンスのアクションプラン採択
2019年	EU委員会のサステナブルファイナンスのTEG（テクニカル・エクスパート・グループ）が最終報告書を公表

出所：各種資料より作成

　ですら立場が危うくなる可能性が出てきた。ESG投資を推進してきたEUの金融界は政治的な動きを広げようとしている。EUの金融界がバックアップし、EU委員会が2018年に持続可能な成長へのファイナンスのアクションプランを公表し、技術の専門家グループを立ち上げた。2019年6月には最終報告書が提出され、①気候変動緩和、②気候変動適応、③水・海洋管理、④循環経済と廃棄物対策・リサイクル、⑤汚染対策、⑥自然・生態系保全の6つの分野で企業の取るべきアクションを定義したEUタクソノミーを公表している。ESGの動きは日本でも大きくなり、EUを中心にファイナンスの社会的責任を求める流れは今後一層強まる。化石燃料を用いた火力発電に対する風当たりが弱まることはなさそうだ（**表2-2**）。

　再生可能エネルギーの価格低下が現実となり、原子力発電所の高コスト化でゼロカーボン電源の捉え方が変わりつつある。火力発電の競争力低下も相まって、エネルギーミックスに構造変化が起きつつある。

2 電力会社の苦戦

EU：送電事業の完全分離と再エネ拡大による劣勢

EUでは、加盟国のどの電力会社からでも電気を買える統合市場を創るとの方針の下、ピーク時約5億8,000万kWに達する広域送電網が形成された。そのための送電運用ガイドラインと整備計画を策定しているのが広域送電機関ENTSO-eだ。

EUの電力自由化は、1996年の第1次EU指令での小売部分自由化と送電事業の会計分離、2003年の第2次EU指令での小売全面自由化と送電事業の法的分離、2009年の第3次電力指令での送電事業の会社分離、と10年以上かけて段階的に進められてきた。

EUの自由化の先行モデルとなったのは、サッチャー首相就任以来の構造改革を進めていたイギリスである。1990年にはイングランドとウェールズ地方を管轄していた国営電力会社がパワージェン、ナショナル・パワー、ニュークリア・エレクトリックという3つの発電会社、ナショナル・グリッドという送電会社、12の地域配電会社に分割民営化された。スコットランド地方ではスコティッシュ・ハイドロ、スコティッシュ・パワーの2社が民営化され、原子力発電はスコティッシュ・ニュークリアに集約された。また、小売市場は1990年の大口需要家から始まり、1999年に家庭用に拡大され全面自由化が完遂された。

自由化がEU全体に及ぶと、イギリスの電力会社はEU各国の電力会社を巻き込んだ再編・統合に組み込まれた。これにより、イギリス市場はスコティッシュ・アンド・サザン・エナジー（スコティッシュ・ハイドロが母体）、ガス事業から参入したブリティッシュ・ガス、ドイツのエーオン（パワージェンを買収）、RWE（ナショナル・パワーの国内子会社イノジーを買収）、フランスのEDF（ニュークリア・エレクトリックとスコティッシュ・

ニュークリアの統合会社を買収）、スペインのイベルドローラ（スコティッシュ・パワーを買収）の6大電力会社体制にほぼ集約された。小売事業を手掛けていたイギリスの12の配電会社も、ブリティッシュ・ガスを除く5大電力の傘下に収まった。

　ドイツでは1999年に電力自由化が始まり、それまでの8大電力会社が、プロイセン、バイエルン地方を中心に中部ドイツを南北に縦断する地域で事業を展開するエーオン、ルール工業地帯を中心とする西部のRWE、バーデン・ヴュルテンベルク州を中心とするEnBW、旧東ドイツ地域のヴァッテンフォール（スウェーデン企業）の4大電力に統合・集約された。ドイツでは配電事業の多くを900以上の地域エネルギー会社シュタットベルケが保有し、小売を独占している場合も多かった。しかし、再編の過程で過半が4大電力の出資を受けるなどして、電力供給を受けるようになった。

　イギリス、ドイツいずれも原子力発電、火力発電が全盛だった1990〜2000年代に電力自由化を進めた。その後、両国では電力会社が経営統合による規模の経済を追求し、統合が進んだのである。

　イギリスでは電力自由化の設計段階から送電会社のナショナル・グリッドを独立させ、発電、配電、小売で競争市場を作ることが想定されていた。ドイツでは4大電力が法廷闘争にまで持ち込んで送電部門の分離に抵抗したが、最終的にはEU指令に基づき、エーオンはオランダ送電会社Tennetに、RWEは保険会社・インフラファンドに、EnBWはバーデン・ヴュルテンベルク州政府機関などに、ヴァッテンフォールはベルギー送電会社Eliaに送電部門を売却した。こうして垂直一貫統合体制を強みとしていた電力会社は、その根幹である送電事業を手放し、発電・小売部門での競争を受け入れることとなったのである。

姿を変えた大手電力会社

　1990年代以来の再編・統合で生まれた大手電力会社は、この10年間で大きく姿を変えた。福島第一原子力発電所事故以降、海外でも原子力発電所の安全コストが上昇し、反原発の動きが強まった。日立や東芝、フランスEDFは原子力発電所の新設事業から相次ぎ撤退し、2022年の脱原発が決

まったドイツでは、シーメンスが原子力発電から撤退した。加えて、EUは座礁資産論で脱石炭火力への動きが強まり、天然ガス火力も安泰ではなくなっている。多くの原子力発電、火力発電を保有してきた大手電力会社は苦境に陥った。

エーオンやRWEは海外の再生可能エネルギー事業への投資を増やしたが、自国内では火力発電を多く抱えるため再生可能エネルギーへの投資拡大に制限がかかった。その結果、両社の格付けは2010年代に入って低下を続けた。

エーオンは2016年1月に、火力発電、トレーディングを非中核部門と位置づけてフィンランドのFortumに売却し、自らは電力・ガス小売、配電、再生可能エネルギー事業に特化する事業再編方針を示した。RWEもイギリスの子会社（イノジー）をベースに、電力・ガス小売、配電、再生可能エネルギーを強化することを発表した。

両社はさらに2018年3月、エーオンに電力・ガス小売、配電を集約、RWEが再生可能エネルギー事業に特化するという事業再編案を公表した（**図2-2**）。RWEの子会社イノジーをいったんエーオンに売却して電力・ガ

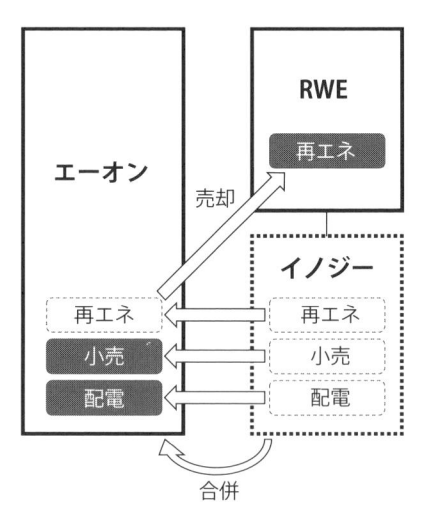

出所：エーオンプレスリリースから作成

▶ **図2-2　エーオンとRWE の事業再編**

ス小売、配電事業を集約し、再生可能エネルギー事業をRWEに売却し返す、というスキームである。電力自由化以来、規模の経済を追求してきたドイツの大手電力会社は経営方針を抜本的に見直し、新たな事業形態を模索しなければいけなくなっている。

　一方で、現状でもドイツ小売市場の5割以上を占めるシュタットベルケは、ドイツで最初の本格的洋上風力であるボルクム洋上風力発電所を複数社で手掛けるなど、元来の地域の再生可能エネルギーを重視する戦略で存在感を高めている。

日本：再エネ調整による負担増

　戦後半世紀以上、10電力による垂直一貫体制を取ってきた日本では、東日本大震災以降、OCCTO（電力広域的運営推進機関）の設立、送配電網の広域運用、小売全面自由化、発送電分離など、100年に一度と言われるエネルギー業界の大変革が進んでいる。これに原子力発電所の稼働停止が加わり、大手電力会社の収益力は大幅に低下し、関西電力は2011年度から2014年度まで4年連続で営業赤字となった。

　日本では、電力自由化と再生可能エネルギーの大幅導入が同時に進められたことが電力会社の経営を一層圧迫している。メガソーラーにより導入量が急増した太陽光発電は、昼間に発電が集中するため、風力のような地域ごと発電量の違いによる送電線内の平準化作用が働かない。そのため、現状のスキームでは再生可能エネルギーの電力が余剰になった場合には火力発電を停止させ、逆に再生可能エネルギーの電力が不足した場合に備えて火力発電を待機させなくてはならない。その調整コストは大手電力会社の負担だ。九州電力は、太陽光発電が余剰になった場合、天然ガス火力の稼働を抑え、揚水発電用の上池に水を汲み上げるなどで対応している。

　調整コストを大手電力会社が負担するのは、EUと違い送電事業を大手電力会社の資本下に温存したことも一因だが、大手電力会社が中心となって電力システムを運営するという考え方が根強いことも理由だ。万が一、再生可能エネルギーの変動に対応できず、大規模停電が発生した場合には、販売量の剥落、復旧対応、損害賠償などの損失が発生するから、電力会社としては

リスクに備えざるを得ない。現状のままでは、再生可能エネルギーの導入量が増えると大手電力会社の負担が一層高まることになる。

アメリカ：広域化進まず

　アメリカの電力事業は、州ごとの独立送電運用機関（ISO：Independent System Operator）、あるいは複数の州のISOが連携した地域送電運用機関（RTO：Regional Transmission Operator）により送電網が中立的に運用されているエリアと、従来通り垂直一貫統合型で送電網が運用されているエリアに分かれる。東部諸州（ペンシルバニア州、ニュージャージー州、メリーランド州を中心とするPJM、ニューヨーク州ISOなど）、カリフォルニア州ISO（CAISO）、テキサス州ISO（ERCOT）など比較的人口が多い9つの地域が前者の体制を取っている（**図2-3**）。

　インディアナ州を中心に始まったRTOであるMISOは南北15州をカバーし、カナダの一部まで広がっているが、アメリカの電力事業は地域性が強く国内での広域化がなかなか進まない。RTOのピーク電力は、PJM：約1億6,500万kW、MISO：約1億2,000万kWとEUより小さい規模、ISOのピーク電力は、CAISO：約5,000万kW、ERCOT：約7,000万kW程度のピーク電力で東京電力（2018年のピーク電力5,653万kW）と同規模に留まっている。

　アメリカは1990年代に電力自由化で世界に先駆けたが、自由化はISO/RTOが置かれている地域の中の13州およびワシントンDCに留まっている。2000年から2001年のカリフォルニアの電力危機により、自由化機運が急速に停滞したことの影響が今でも残っているのである。カリフォルニアの電力危機には当時、金融技術を駆使したビジネスモデルで飛ぶ鳥を落とす勢いだったエネルギー会社エンロンが関与していたと言われ、同社がその後会計不正で破綻したことも自由化の足を引っ張っている。

　一方で、アメリカでもカリフォルニア州などを中心に再生可能エネルギーの導入が拡大しており、変動調整用の電源の保有義務がパシフィック・ガス＆エレクトリック（PG&E）などの大手電力会社に課された。その結果、大手電力会社が電力システム維持に手一杯となり、新たなビジネス展開の絵を

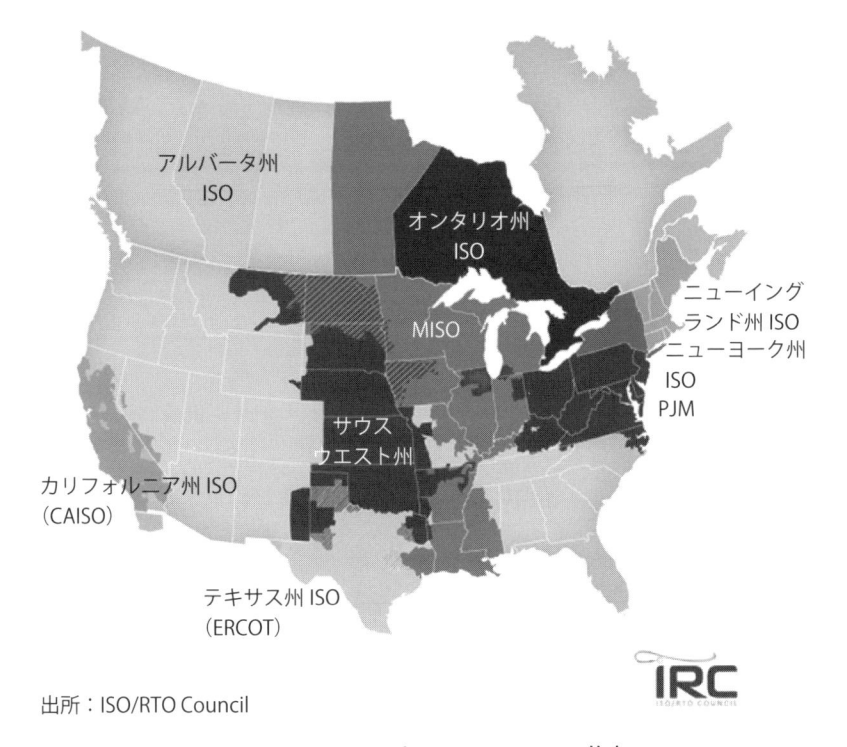

出所：ISO/RTO Council

▶ 図2-3　アメリカのISO/RTOの分布

描き切れていない状況は日欧と共通している。再生可能エネルギー市場では、三井物産に買収されたサンエジソンによる投資（工場やビルの大型太陽光発電所）のように、太陽光発電に特化した事業投資やファンド投資が主役となっており、大手電力は市場拡大の恩恵を受けにくくなっている。一方で、規模の小さいサクラメント電力公社などの公営電力会社が、太陽光発電、EV、需要側機器のマネジメントにより新たなビジネスモデルを構築する動きが目立っているのは、ドイツのシュタットベルケが隆盛なのと共通している。

3 塗り替わった 市場勢力図

電力会社の勢力減退

　脱炭素と自由化が並走することで、欧州だけでなく日本やアメリカでも、火力発電、原子力発電を抱える大手電力会社は、主力発電設備の稼働率低下、将来的には座礁資産化リスクに晒され、将来への成長に向けた発電投資が不十分となるという悪循環に陥りつつある。これに伴い、市場でのシェア低下も顕著となっている。

　ドイツでは4大電力会社の小売市場のシェアが2010年に5割を超えていたのに対し、現状では4割を下回っている。一方、地域エネルギー会社のシュタットベルケのシェアは2010年には4割強だったが、現状では6割を超え4大電力離れが止まらない。エーオンとRWEは、本章の前半で述べた再編努力にもかかわらず市場から厳しい評価を受け、株価はこの10年で半減した。2020年1月にメルケル政権は2038年の石炭火力全廃に向けて金融機関、電力会社と合意し支援策も用意したが、RWEは政府からの支援だけでは足りずリストラを行う方針だ。

　日本でも東京電力、関西電力など大都市圏の電力会社は家庭向けの市場で20%以上のシェアを失い、10電力全体で見ても15%程度の顧客が離脱している。この10年で東京電力の株価が5分の1になったのは福島第一原子力発電所の事故という特殊な事情によるところが大きいとしても、関西電力の株価は半減し、中部電力の株価も2～3割減少している。

　パリ協定を批准しなかったアメリカも例外でなく、カリフォルニアの電力会社、PG&E（パシフィック・ガス＆エレクトリック）は所有する設備に起因した山火事の賠償責任で、株価を大きく下げた。現在、世界の電力会社の株式時価総額トップ10にアメリカ企業が5社ランクインしているが、フロリダを地盤とするNextEra Energy、ノースカロライナ州などを地盤とする

Duke Energy などいずれも規制下にある地域の電力会社だ。規制によって安定した収益が約束されているため、顧客規模でエーオン、RWE、東京電力などに劣るものの高い株価を維持できている。規制市場が自由化されれば、これらの電力会社も構造転換を余儀なくされるはずだ。

再エネファンドの隆盛

　火力発電などに比べて運転維持管理が容易な太陽光発電や風力発電への投資リスクは不動産投資に近い。FITで価格が固定されれば収益が概ね安定するので、不動産に比べてもリスクの低いアセットファイナンスと言える。このため、再生可能エネルギー市場の拡大により、豊富な資金力を持つ金融・不動産会社が出資する再生可能エネルギー・ファンドが数多く生まれた。

　歴史的に見ても、再生可能エネルギーの投資にはファンドが活躍してきた。ドイツの初期の太陽光発電は小規模の市民ファンド、協同組合による地域ファンドの投資で設立されたものが多い。FITにより投資回収スキームが明確になったことが、環境意識が高いドイツ人の再生可能エネルギー投資を後押ししたからだ。その後、市場やプロジェクトの規模が大きくなるのと並行してファンドの規模も大型化し、投資について高い専門性を持つ金融機関、不動産会社によるファンド投資の存在感が高まった。

　金融機関の参加は、2010年代に入って巨大洋上風力発電プロジェクトが登場するとフェーズが一段上がった。年金基金や保険の運用会社が再生可能エネルギー事業を運用先と位置づけるようになったことで、巨額の資金が流れ込むようになったのだ。世界最大規模の資産運用会社ブラックロックは2011年にGlobal Renewable Fundを立ち上げ、2017年には16.5億ドル（約1,800億円）規模の2号ファンドの資金調達に成功し、250以上の風力発電所や太陽光発電所に投資を行った。2019年には10億ドル（約1,100億円）の3号ファンドの資金調達を成功させ、100万kW級の巨大洋上風力発電所への投資を予定している。日本勢では、住友商事が2019年2月にスプリング・インフラストラクチャー・キャピタルというインフラファンドを立ち上げ、イギリスのギャロパー洋上風力発電所へ投資を行うことを公表している。

　日本でも、2012年のFIT導入以来、再生可能エネルギー・ファンドの大

▶ 表2-3　上場インフラファンド

	銘柄名	管理会社	スポンサー（業種）	上場日
1	タカラレーベン・インフラ投資法人	タカラアセットマネジメント	タカラレーベン（不動産）	2016年6月2日
2	いちごグリーンインフラ投資法人	いちご投資顧問	いちごアセットマネジメント（金融）	2016年12月1日
3	日本再生可能エネルギー・インフラ投資法人	アールジェイ・インベストメント	リニューアブル・ジャパン（再生可能エネルギー）	2017年3月29日
4	カナディアン・ソーラー・インフラ投資法人	カナディアン・ソーラー・アセットマネジメント	カナディアン・ソーラー（太陽光発電）	2017年10月30日
5	東京インフラ・エネルギー投資法人	東京インフラアセットマネジメント	アドバンテック（メーカー）	2018年9月27日
6	エネクス・インフラ投資法人	エネクス・アセットマネジメント	伊藤忠（商社）	2019年2月13日
7	ジャパン・インフラファンド投資法人	ジャパン・インフラファンド・アドバイザーズ	丸紅（商社）	2020年2月20日

出所：日本取引所グループWeb Siteを基に作成

型化が進んでいる。メガソーラーについては、これまで中心だったソフトバンクをはじめとする事業会社に加え、ゴールドマン・サックスが中心となって立ち上げたジャパン・リニューアブル・エナジー、上場不動産ファンド（Jリート）出身者によるいちごECOエナジーなど、金融・不動産関係者による再生可能エネルギー・ファンドが多く設立された。2016年にはJリート市場を基盤にインフラファンド市場が立ち上がり、2020年に上場を果たした丸紅のジャパン・インフラファンド投資法人など7銘柄の上場が見込まれている（**表2-3**）。

世界の重電御三家の苦戦

これまで大規模発電を手掛けることのできるメーカーは世界的に限られてきた。そうしたメーカーが立地する国では、エネルギーリスクの観点から国

策として重電メーカーが育成されてきた。その意味で、エネルギー市場における電力会社の地位の低下は、電力会社からの発注減となって、電力会社に伴走してきた重電メーカーの収益に大きな影響を与えている。

　ドイツでは、シーメンスがエネルギー政策の転換に翻弄されている。2000年には、シュレーダー政権の脱原発方針に応じてフランスのフラマトム（現アレバ）社と提携し、原発撤退への布石を打った。その後メルケル政権が原発維持に方針転換すると、ロシアのロスアトム社と提携して再び原子力事業を強化、2011年の福島第一原子力発電所の事故後にメルケル政権が脱原発を宣言すると原子力発電事業からの撤退を表明する、など二転三転してきた。その後ドイツでは脱化石燃料の動きが加速したため、2017年に火力発電部門（電力・ガスカンパニー）の人員削減を行い、2019年には同部門を分離上場させると発表した。スペインの風力発電メーカー・ガメサを買収するなど風力発電部門は現状は堅調だが、中国の風力発電メーカーが勢力を伸ばす中、先行きは楽観視できない。このように、原子力・火力を主軸に事業を展開してきたシーメンスの電力事業は苦戦を強いられており、IoT分野に成長を見出そうとしている。

　アメリカでは、GEは2006年に当時のブッシュ政権の「原子力ルネッサンス」に合わせ、原子力発電事業の強化を狙って日立との提携を発表し、2007年に両社共同でGE日立ニュークリア・エナジー（日本法人は日立GEニュークリア・エナジー）を設立した。しかし近年、原子力発電事業はシェールガスの隆盛で天然ガス火力に押され、競争力を失っている。ガスタービン事業はアメリカでは堅調だが、EUでは2019年にフランスで人員削減を発表するなど、EUのエネルギー転換の影響を受けている。1990年代にカリフォルニアでの風力発電事業の立ち上げ、その後エンロンが展開したテキサスの風力発電事業を引き継ぐ、という歴史を持つ風力発電事業は唯一好調を保っているが、世界的に見ると中国勢などとの競争で楽観できる状況にない。王者GEも世界的なエネルギー転換の中で苦しんでいることは否めない。

　日本勢を見ると、日立は東日本大震災以来の原子力発電所の新設停止で国

内ビジネスは先が見通せず、海外での事業拡大を狙って取り組んだイギリスのウィルファネーヴィス・プロジェクトが安全性確保のためのコスト上昇で収益性が悪化し撤退を余儀なくされる、など八方ふさがりの状況にある。火力発電事業については、すでに三菱重工にマジョリティを譲って分離しているが、同社との共同出資会社MHPSは火力発電の将来性が不透明になる中で予断を許さない状況にある。シーメンス、GEと同様、風力発電事業を拡大しようとしたものの、国内の風力発電市場が拡大しないため、グローバル市場で戦うための基盤を見出せているとは言えない。重電メーカーとして置かれている状況は、シーメンス、GEと比べても厳しい状況にあると言わざるを得ない。

　このように、世界のエネルギー市場での圧倒的な勢力を誇ってきた日米欧の電力会社、重電メーカーはエネルギーシステムの大転換の中で地位を低下させている。この10年間で、その傾向が顕著になったのは、ファンドなどの隆盛もあるが、本質的な問題は、規模の経済を追う従来の火力中心の事業モデルに代わる新しい事業モデルを見出せていないことにある。一方で、長い間エネルギー市場を支えてきた電力会社、重電メーカーに代わるだけの力を持った新たなプレーヤーが現れている訳でもない。再生可能エネルギーへの転換により市場も分散化するのは仕方がないという見方もあるが、エネルギーシステムの大転換に向けた新しい市場の構造が見えていない、という認識が正しいのかもしれない。

AI/IoTとの接続

AI/IoTの性能と経済性の飛躍的向上

　今後のエネルギー市場の動向を語るには技術革新への理解が欠かせない。特に、急速に進化するAI/IoTは、今後のエネルギー市場を語る上で最も重要な要素になりつつある。

　様々なデータを連続的に取得できるIoTと、そこから得られたデータを分析するAIによって、これまでできなかった予測やシミュレーションが可能となり、エネルギーシステムの効率性が大きく変わり、新たな価値が生み出されるようになったからだ。

　AI/IoTの急速な進化が顕著になったのは2010年代初頭からである。この時期、AIは深層学習による「猫」の画像認識で一躍脚光を浴びた。深層学習の基本アルゴリズムは1990年代にはできていたが、学習に時間がかかり過ぎ、利用できる範囲は限られていた。ところが2010年代初頭になると、コンピューターの性能の進化によって、それまで難しかった複雑な画像の認識や音声認識、意味理解、デジタルツインなどの予測モデルの学習ができるようになり、AIが真価を発揮し始めた。

　その背景には急速なコンピューターの進化がある。2000年代後半になると、10nm（nmは10のマイナス9乗メートル）程度のナノレベルの物質のシミュレーションが、実用的な時間で計算できるようになっていた。超微細な物質の動きを表す量子力学のモデルを解くには膨大な計算が必要だが、計算能力の向上によってそれが可能になった。その結果、数十nmしかない半導体の細線を効率良く配置し、熱の排出を減らすシミュレーションや検証が可能になり、コンピューターの頭脳であるCPUを構成する半導体を緻密に設計、分析できるようになった。

　こうして、設計技術の革新が半導体の性能を向上し、半導体の性能向上が

より複雑なシミュレーションを可能にする、というスパイラルな進化の形態が生まれ、コンピューターの性能が加速的に進化した。さらに、GPUなどによる並列計算や分割計算による分散処理などが進んだのが2000年代末だ。こうしたコンピューターの性能の連続的な進化の波に乗ったのが、昨今のAIブームと言える。

　コンピューターの性能の進化によって、IoTのカギとなるセンサーの技術も飛躍的に向上した。従来、センサーは複数の機器と素子を基板上で結線して作るのが一般的だったが、半導体で培われた技術が持ち込まれ技術のステージが変わった。半導体の分野では、構造設計と加工技術の向上で、MEMS（Micro Electro Mechanical Systems）と呼ばれる機械的構造を持つ半導体を一体的に作り込むことができるようになった。加速度センサーやジャイロセンサーなどを作るには、センサーの姿勢や角度によってバネのようにたわむ可動部を組み込む必要がある。そこに半導体で培われた加工技術を応用することで、微細な線を他の素子と立体的に作り込めるようになったのである。

　これにより機械構造部品や回路素子の製造、基盤実装などのコストが10分の1、さらには100分の1と下がっていった。同様に画像センサーも、素子の集積度が上がり汎用半導体と同じ構造のCMOSが用いられたことで、製造コストが大幅に低下し数千円していた製品が100円程度になったケースもある。

　IoTとAIのデータ収集、分析の基盤となる通信技術については、日本にはECHONET Liteという標準通信がある。コンピューター、センサーの画期的な性能向上とコストダウンに通信の標準化が加わり、膨大な量のデータの処理、分析、複雑なモデル化を伴う予測や最適化設計が可能となった。

再エネ大量導入を支えた送電線のインテリジェント化

　AI/IoTは、再生可能エネルギーを大量導入するための送電線の実質的な能力の増強に大きく貢献した。

　再生可能エネルギーを大量接続する際の送電線運営の課題は、太陽光、風力などの変動をいかに制御し電力の需給バランスを保つかである。ここでポ

イントとなるのが、①電力需要と再生可能エネルギーによる発電量の予測、②送電線の設備容量管理の改善、③電力需要側と連携した需給調整である。

　①の要となるのが気象予測技術である。電力需要も再生可能エネルギー発電の量も、天候により大きな影響を受けるからだ。近年、AIによって、気象予測の精度が著しく向上している。例えば、ウェザーニューズはAIに雨雲レーダーの画像を学習させることで、数時間後にどのように雨雲が発生するかを予測できるようになった。この技術を各種の気象情報と組み合わせ、2018年7月の西日本豪雨の際には、気象庁より18時間早く豪雨予報を出すことができた。

　電力需要の予測にもAIが活用されている。2017年に東京電力が行った電力需要予測コンテストでは、AIを使った東芝の需要予測システムが最も高い精度を出した。このシステムでは、需要予測に影響を及ぼす情報をAIによって絞り込み、従来より広いエリアの気象情報を使うことで予測精度を高めている。

　再生可能エネルギーの発電量予測でもAIが使われている。太陽光発電であれば、地域ごと、時間帯ごとの気象情報、発電実績を学習させた上で、気象予測情報を用いて数時間後、数日後の発電量を予測できるようになっている。

　②送電線の設備容量管理の改善では、2018年より再生可能エネルギーを送電線に接続する際の接続容量を拡大する「N-1電制」と呼ばれる仕組みが導入されている。これは、実態に近い想定に基づいて送電線の空き容量を算定した上で、これまで緊急時用として確保していた送電容量を状況に応じて利用できるようにする管理手法である。欧州ではDLR（Dynamic Line Rating）として2010年代初めから導入が進んでいる（**図2-4**）。

　従来、送電線の容量の半分程度が緊急時用として活用されていなかった。需給調整が上手くいかずに送電線内の電圧が高まった際に、送電線の安全性を確保するための措置だ。確かに、遠大な送電線のどこで電圧が高まっているかを計測できない状況下で、一定のバッファを設けておくことは理にかなっている。

　これに対して欧州のDLRは、送電線内の電圧が上昇すると電線の温度が上昇し電線が垂れ下がる現象を用いて、電線の角度や張力などを検出するセ

▶ 図2-4　送電線の空き容量のイメージ

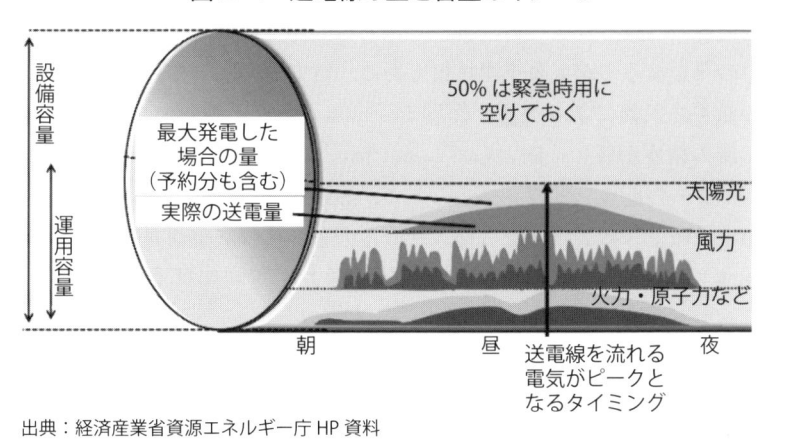

出典：経済産業省資源エネルギー庁HP資料

ンサーを一定間隔で設置し、電線の電圧分布を推定している。広大な地域に設置された多数のセンサーの情報を収集・分析することで、安全用のバッファとしていた空き容量を有効利用し、実質的な送電容量の大幅増を実現したのである。

　ここのところ、日本が欧州に比べて送電網の運営技術が遅れているかのような報道が散見されるが、日本では温度を直接計測することにより予測精度を高める技術が開発されている。

　③電力需要側と連携した需給調整については、スマートメーターやHEMS（Home Energy Management System）によって需要側に設置された発電設備や蓄電池、空調などの需要設備などの制御が可能となってきた。これを受け、再生可能エネルギーの変動を需要側で一体的に調整する技術が導入されている。こうした技術を使い、需給双方を一体的に調整するプラットフォームを運営する事業をバーチャルパワープラント（VPP: Virtual Power Plant）と呼んでいる。VPPは一般に、広域の送電線に接続された再生可能エネルギーを対象とした運用を行っている（**図2-5**）。

　日本でも2021年に電力調整市場が立ち上がることになっているため、近年は急ピッチでVPPのための技術開発、導入が進んでいる。例えば、デマンドレスポンスによる需要側の制御はこれまで需給調整の責任を負う電力会

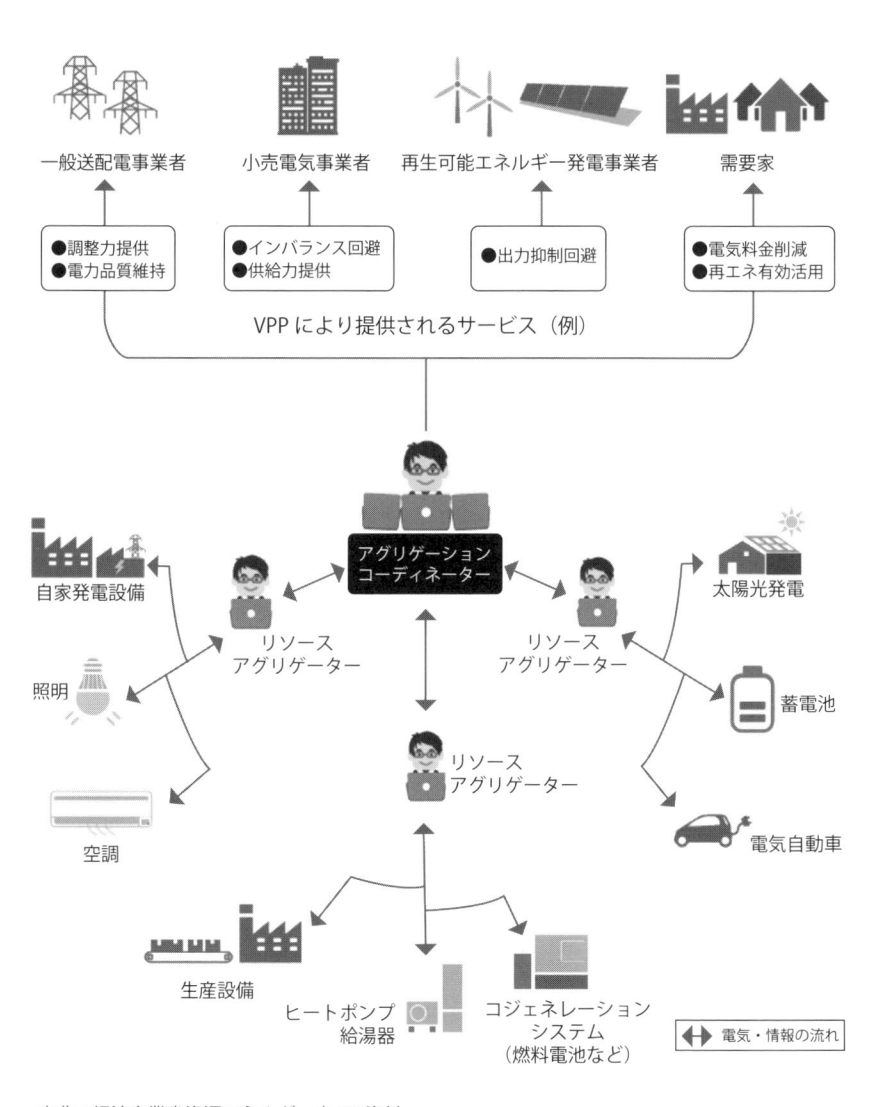

一般送配電事業者　小売電気事業者　再生可能エネルギー発電事業者　需要家

- ●調整力提供
- ●電力品質維持

- ●インバランス回避
- ●供給力提供

- ●出力抑制回避

- ●電気料金削減
- ●再エネ有効活用

VPPにより提供されるサービス（例）

アグリゲーション
コーディネーター

自家発電設備

リソース
アグリゲーター

リソース
アグリゲーター

太陽光発電

照明

蓄電池

空調

リソース
アグリゲーター

電気自動車

生産設備

ヒートポンプ
給湯器

コジェネレーション
システム
（燃料電池など）

◆→ 電気・情報の流れ

出典：経済産業省資源エネルギー庁HP資料

▶ 図2-5　VPPのイメージ

社が行っていたが、電力システム改革の一環として調整市場が作られ、サービスとして一般の事業者にも開放されることになった。背景には、スマートメーターやHEMSの普及により一般の需要家もサービスの対象にできるようになったことがある。

欧州では、2009年にネクスト・クラフトヴェルケ社がVPPのサービスを開始し、その後、複数の企業が参入した。同社は、バイオマス発電や水道用のポンプ、蓄電池など8,000程度の設備、出力にして約700万kWのVPPリソースを管理している。多数のVPPリソースにNEXT BOXという制御通信端末を取り付けて統合的に管理できるシステムを開発し、周波数低下時に蓄電池からの電力供給を増やしてポンプなどを計画的に停止し、上昇時には発電所の供給量を低下する、などによる調整力を電力市場で取引している。

日本でも、中部電力が需要側の空調やエコキュートなどの制御を行う「これからデンキ」の運用を始めるなど、IoTを活用した需要側の運用サービスが部分的に始まっている。関西電力も、VPPシステムを用いたサービスを2019年7月に開始し、東北電力はネクスト・クラフトヴェルケ社と共同研究を進め、2020年にはサービスの評価を行うことを予定している。今後、VPPサービスの導入が広がることが期待される。

需要サイドで進む自立型インテリジェント・エネルギーシステム

VPPは需要側で電力需給を調整する手法として途に就いたばかりだが、日本では以前から地域の自立的なエネルギー調整技術の導入が進んでいる。2011年の東日本大震災以降、再生可能エネルギーを地域で利用し、スマートでレジリエントなシステムを作ろうとする機運が高まったことが背景にある。

その代表例が「柏の葉スマートシティ」である。2014年、地域の公民学の共同検討による新たな商業施設街区が建設された。東日本大震災が発生した2011年3月にはすでに設計が終わっていたが、震災を受けて設計を見直し、災害時を想定したスマートエネルギーシステムが導入された。

商業施設には発電容量500kWの太陽光発電、出力1,800kWの蓄電池、オフィスなどの複合施設には発電容量220kWの太陽光発電、出力500kWの蓄

電池、出力 2,000kW のガス発電機を設置し、非常時にはこれらの施設間で電力を融通し、住宅の一部に太陽光発電の電力を供給できる仕組みとなっている。送電線を使って自営の分散電源の電気を公道をまたいで融通する日本で初めてのシステムだ。

「柏の葉スマートシティ」のエネルギー設備は、地域エネルギーマネジメントシステムで管理されている。同システム は各設備の発電量や蓄電量、各施設の電力使用量のほか、地域の気象情報や災害情報などのデータを収集・分析し、電力需要や発電・蓄電量の予測を行うとともに、エネルギー利用の傾向を分析して地域の企業や住民に対して情報を提供している。これにより、住民と一体となった最適な地域エネルギーの需給計画を策定して電力供給を行うという。

東日本大震災を契機に多くの地域で再生可能エネルギーなどの電源が設けられているが、ここでは単に発電するだけでなく、域内の住民と協調して電力、水、ガス、熱の需給を総合的に管理していることが特徴だ。

現在、街の画像やウェアラブルセンサーなどで集めた地域のデータを集積し、AI で分析することで、病院の待ち時間を減らしたり交通システムへの誘導を行ったりするなど、新たなサービスが生まれる場を創ろうとしている。さらに、人の流れのデータをもとにした地域内でのエネルギーの効率的な運用のためのエネルギーマネジメント、あるいは IoT を活用した太陽光発電パネルごとのメンテナンスの効率化など、新たな取り組みも進められている。

もう 1 つの代表的な例が「Fujisawa サスティナブル・スマートタウン」である。こちらも 2010 年には計画づくりが始まっていたが、震災を経て災害に強い街づくりとしての志向を強め、太陽光発電を大量導入してエネルギーの自立を目指すこととなった。2014 年に街開きし、将来的には戸建て住宅を中心に 1,000 世帯の立地が予定されている。各住宅には 4kW の太陽光パネル、4.65kWh の蓄電池、部分的に 0.75kW の燃料電池エネファームが設置され、晴れていれば街の電力需要を賄うことができる。

各住宅では HEMS によってエネルギーを管理し、CEMS による余剰電力の販売、域外との連携、非常時の管理を行う。こうした複層的な制御を行う

ために、各住宅の設備を管理するECHONET Liteなどの標準通信規格を使ったIoTが導入されている。また、柏の葉と同様、家庭のエネルギー情報を分析、フィードバックすることで、住民と一体となった街のエネルギーの需給管理を目指している。

近年は、地域の新たな価値を創出する「多世代連携によるコミュニティケアの構築」を目指して、高齢者向けに地域住民参加によるノンプロ型の配食、外出、生活支援のシェアリングサービス、高齢者と住民の交流、高齢者の就労管理、サービス付き高齢者住宅（サ高住）の管理などにIoTを導入している。地域の電力についても再エネ100％に取り組むなど、日本を代表するエネルギーとIoTの先進地域として進化を続けている。

これらの地域に匹敵するエネルギーシステムの事例はまだ少ないが、一方でCO_2排出ゼロを目指す住宅の導入などが進んでいる。大手の住宅メーカーではZEH（Net Zero Energy House）の割合が8割に達しており、業界全体でも2020年に5割となることを目指している。こうした動きが可能になってきたのは、住宅の規模でも再生可能エネルギー、スマートメーター、HEMS、ECHONET Liteなど技術が汎用化し価格が下がってきたからである。

顕在化した
気候変動の脅威

世界中を襲う気候変動の脅威

　2019年9月9日、千葉県に関東地方としては過去最大級と言われる強さの台風15号が上陸した。上陸直前の勢力は中心気圧955hPa、最大風速45m/sに達した。房総半島は、場所によっては50m/s後半の猛烈な強風に見舞われ、東京電力の送電塔2本と80本を超える電柱が倒壊し長期間にわたり停電が続いた。ゴルフ練習場の鉄塔が倒れ回復に長時間を要するなどの被害も発生し、エネルギー関連ではダムの湖面に浮かべられたソーラーパネルが火災を起こすという事故も起きた。

　台風15号の被害からの回復もままならない同年10月12日、台風19号が伊豆半島に上陸した。上陸直前の勢力は中心気圧955hPa、最大風速は40m/sであり、小笠原諸島付近では最低気圧915hPa、最大風速55m/sに達していたとされる。台風19号は関東地方と福島県を縦断し、大雨による甚大な被害をもたらした。箱根町では降り始めからの降水量が1,000mmに達し、一日の降水量も全国歴代1位の900mm超えを記録した。降水量の少ない県の一年分に相当する雨が一日で降ったことになる。長野県、新潟県、山梨県、静岡県、関東地方、東北地方で多くの河川が氾濫し、いくつかの主要なダムが緊急放流に追い込まれた。

　2018年を振り返ると、8月末に発生した台風21号は2019年の台風19号の最大時と同等の勢力に達し、9月4日に徳島県に上陸した際の勢力も中心気圧950hPa、最大風速45m/sを維持していた。大阪では最大風速が50m/s台後半に達したとの報道もあり、大きな被害が発生した。関西国際空港で高潮と強風により滑走路、連絡橋、空港施設に甚大な被害が発生し、空港機能がストップすることとなったのは記憶に新しい。

　海外に目を転じると、オーストラリアやカリフォルニアでは高温による大

規模な山火事が発生し、広大な森林が焼失した。イタリアではベネチアが高潮で冠水するなどの被害が出ており、アメリカでも大型のハリケーンの数が100年前に比べて3倍以上になっているとされる。

　気候変動が原因と考えられるこうした災害は、ここのところ毎年のように発生しており、各国政府は対応を迫られている。日本では多くの人が2018年、2019年と同じような勢力の台風がいつ来てもおかしくないと思うようになっている（図2-6）。今後、2020年に同じような勢力を持った台風が襲来した場合、適切な対応を取ることができなければ、地方政府および中央政府は非難を浴びることになるだろう。政府はそのための組織作りや予算確保に取り組まざるを得ない。気候変動対策は国際会議での議論を超え、政策実行の現場でも重要な課題となっているのである。

2つの時間軸が必要になった気候変動対策

　IPCC（Intergovernmental Panel on Climate Change；気候変動に関する政府間パネル）の報告書はかねてより、温室効果は地球上の気温を平均的に押し上げるのではなく、異常な豪雨や旱魃の頻発など両極端な気候の頻発をもたらすと警告してきた。昨今の世界各地で気候変動による被害を見ると、世界の気候はIPCCの警告通りに推移しているように見える。日本で強力な台風が発生する1つの原因は、日本周辺の海面温度の上昇である。最近の台風の進路や成長過程はわれわれがこれまで見てきた台風の推移とは異なる、と感じる人は多い。漁業関係者などからも日本周辺の海水温が上昇していることが報告されていることから、台風が南方海上から勢力を落とさずに日本列島に上陸することが多くなる可能性が高い。今後は、2019年の台風19号の小笠原諸島付近での勢力（最低気圧915hPa、最大風速55m/s）を保ったまま上陸することもあり得ると考え、インフラの再整備、避難対策などを講じざるを得ない。

　気候変動の分野では2000年代後半になって、「適応」という言葉が使われ始めた。背景には、気候変動対策と現状の気候との時間的なギャップがある。昨今、われわれが目にする極端な気象を引き起こしているのは、何十年も前の温室効果ガスの排出である。その影響による台風、豪雨、高波などに

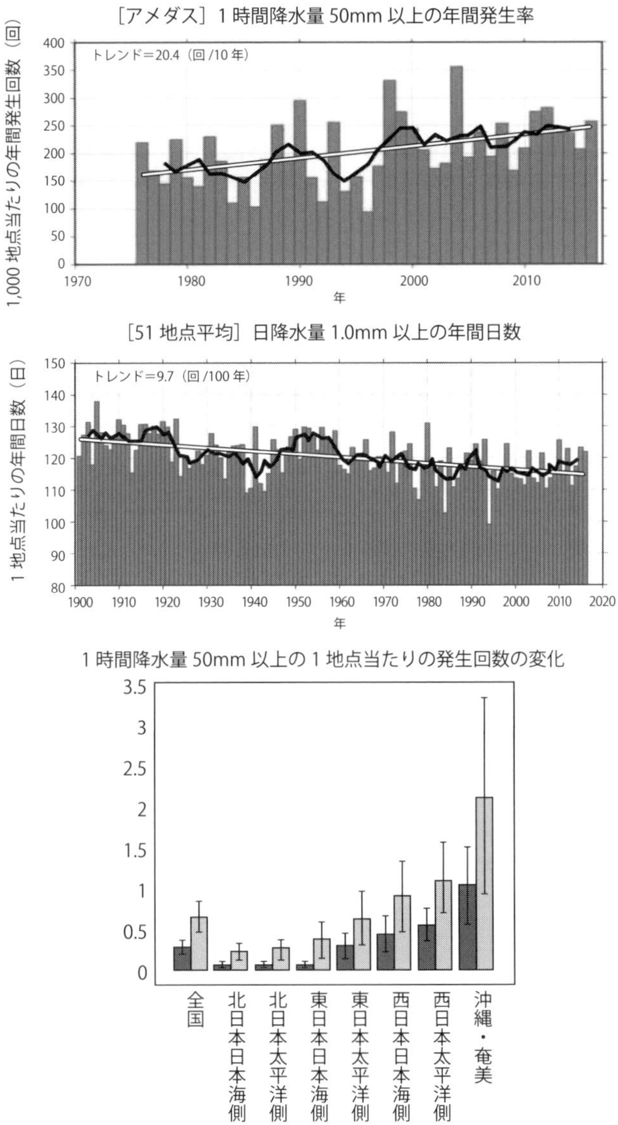

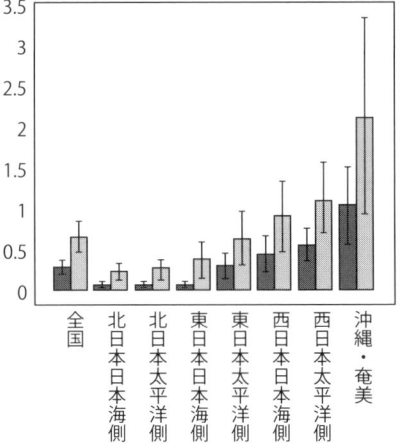

[アメダス] 1時間降水量50mm以上の年間発生率

[51地点平均] 日降水量1.0mm以上の年間日数

1時間降水量50mm以上の1地点当たりの発生回数の変化

（上）（中）棒グラフは各年の値、太線は5年移動平均、白線は期間にわたる変化傾向
（下）棒グラフは発生回数（左：現在、右：将来）、縦棒は年々変動の標準偏差

出典：気象庁資料

▶ 図2-6　日本の降水量の変化

よる被害が既存のインフラの防災機能を超えるものであるなら、それを軽減するための対策を講じなくてはならない。もちろん、現在のエネルギーシステムの低炭素化を図るための取り組みは重要だが、それは20年、30年先の気候変動を緩和するためのものであって目の前の気候変動の脅威を減じることはできない。被害が顕在化してきたことから、気候変動対策は目の前で起こっていることへの適応と、将来に向けた対策という2つの時間軸で講じざるを得なくなっているのである。

エネルギー分野で求められる適応策

　適応には極端な気象や温暖化による感染症などへの対策が含まれるが、エネルギーについてはシステムの見直しも考えないといけない。世の中のインフラは50年、100年、200年に一度程度の確率で起こる天災に耐えることを前提に設計されている。想定する年数の長さはインフラの重要度で決まるが、200年に一度の天災を想定しているのは国が直轄している重要度の高いインフラに限られる。インフラによって想定する災害の強度が異なるということは、200年に一度の天災に見舞われると、50年に一度、100年に一度の天災を想定したインフラは防災の機能を超えることを意味している。近年、われわれはインフラ設計上最大級の想定に相当する自然の脅威に晒されており、脅威は一層強まる可能性があるという認識が必要になっている。

　しかし、どこの国も何を前提にインフラを強化すべきかが見定められないでいる。例えば、すべてのインフラを200年に一度の天災に耐えるようにして、重要なものは300年に一度の天災に耐えるようにした場合、インフラの再整備には天文学的なコストと長い期間を要することとなる。国がインフラを守ることのできる基準を定める、という従来の方法は限界に達しており、それぞれの地域、機関が工夫と独自の判断でインフラの強化や被害の吸収方法を考えていかなくてはいけなくなる。そのとき、国に求められるのは有効と思われるメニューを提示することだ。

　2019年の台風15号では千葉県房総半島の送電塔が倒壊し、復旧までに長い時間を要した。送電塔の強度を決める風速は40m/sとされるが、これを60m/sにすれば当面同じような被害は受けなくなる。ただし、電力自由化で

財政的な余裕がなくなっている電力会社に負担を押しつけることはできず、国民は電力料金の値上げを受け入れざるを得ない。それでも2019年以上の強さの台風が来たら、再び設計条件を厳しくして設備の強度を上げなくてはいけない。気候変動の影響が顕著となる中で、どのような設計条件、システム、負担の構造、体制ならエネルギーシステムを守れるのかが問われている。

ローカル・レジリエントな分散型エネルギーシステム

　こうした問いへの1つの回答が分散型のエネルギーシステムである。特に半島部のような、送電線運営者の視点から見ると送電網の末端に当たる地域については、広域送電網だけに頼るのではなく、地域の電力需要を賄える自律的なエネルギーシステムを作った方がいい、という考え方だ。需給調整の効率性などを考えて広域送電網に接続するものの、広域送電網からの接続が遮断された場合でも地域で何とか電力を賄えるシステムを作るのである。

　実際、2019年の台風の被害を受けて、多くの人が分散型エネルギーシステムの必要性を訴えた。その意味で、気候変動対策の中で論じられる分散型エネルギーシステムで最も重要な要素は、災害時でもエネルギーが絶えないローカル・レジリエントなシステム作りである。

　再生可能エネルギーは地域自前のエネルギーだから、その比率を高めることは基本的にエネルギーセキュリティを高めることにつながる。しかし、特定の再生可能エネルギーに依存することはセキュリティの高いシステム作りにつながらない。風力発電やメガソーラーは今後一層強さを増す強風で頻繁に被害を受けるようになるかもしれない。また、冬季に災害が起こったことを想定すると、熱の供給源もあった方がいい。そうなると、バイオマスを燃料とするコジェネレーションがあるといい。さらに、大規模の災害でバイオマスの貯留施設や燃料化施設が被害を受けたときには、地域外から持ち込まれた化石燃料を使えるようになっていた方がいい。

　このように台風などによる災害時を想定し、送電網の末端の地域で分散型エネルギーシステムを整備する場合は、あらゆる災害のケースを想定し、できるだけ多くのエネルギー源を利用できる、マルチリソースのシステムを検

討すべきである。具体的には自家利用ができる太陽光発電や風力発電に加え、バイオマスをガス化し燃料として使用できるコジェネレーションを整備する。そのコジェネレーションを簡単な調整で天然ガスやLPGを混焼できるようにしておけば、供給の安定性が増す。

　ただし、マルチリソースの分散型エネルギーシステムを作っても完全に安心できるという訳ではない。重要なのは、エネルギーシステムを分散させマルチリソース化しておけば、被害が広域化する可能性は減るし、被害を受けたときでもいろいろな復旧のオプションを想定し得る、という考え方である。

　マルチリソースの分散型エネルギーシステムは、伝統的なエネルギーシステムよりコストがかかるだろう。その分は広域送電網の簡素化によるコストダウン、あるいは遠隔部の振興のための予算などを充当すればいい。財源や負担の構造についてもマルチリソースで考えるべきなのが、これからのエネルギーシステムと言える。

第3章

立ち上がるソーラー・デジタル・グリッド（SDG）

再生可能エネルギー
の評価

展開策が限られる風力発電

　日本が再生可能エネルギーの普及を再加速する場合、どの再生可能エネルギーを中心に政策展開を図るかが重要となる。

　風力発電はこれまで世界の再生可能エネルギーの中心となってきた。しかし、風力発電をリードしたのは、偏西風による強い風が安定して吹いている大陸ないしはその沿岸部である（欧州、中国西部、アメリカ中西部）。こうした地域ではすでに天然ガス火力発電を下回るコストを実現しているが、日本で同じようなコストを実現することはできない（**表3-1**）。

　洋上風力発電は欧州を中心に超大型化によりコストが下がっているが、日本には欧州のような遠浅の海が少ないので、着床式の洋上風力発電の適地は限られる。浮体式については適地は比較的多いものの構造的に着床式より発電コストが高くなる。日本企業が海外の適地で洋上風力発電の事業に参加するのは、経済的にも技術的にも意義のあることだが、海外で洋上風力発電が普及しているからといって、国内で無理に普及を図ることは巨額の負担につながることになる。洋上風力発電に対しては着床式で36円/kWhという買取単価が設定されており、海外の大型洋上発電に比べるとかなり割高だ。エネルギーミックスの中で一定のシェアを得るようになると、エネルギーコスト全体に影響してくる。

　陸上の風力発電は、経済性のある場所については積極的に投資を拡大すべきだが、現状では大規模な展開が期待できるのは北海道北部、東北地方北部などに限られる。これらの地域で風力発電を大規模に整備した場合に問題になるのは、送電網の機能強化に巨額の資金が必要となることだ。風力発電は再生可能エネルギーの中でも、発電地域と電力の需要地域との距離が最も大きくなる傾向がある。送電面での費用負担も含めて投資を評価しないと、経

▶ 表3-1　再生可能エネルギーの単価

種　類	国内買取価格 （円/kWh）	グローバルベスト プライス（/kWh）
太陽光（500kW以上）	14	5円程度
太陽光（10kW未満）	24 or 26	10円台
風力（陸上）	16 or 18	10円以下
風力（洋上）	36	10円以下
中小水力（既設導水路活用型）	12 − 25	－
地熱（15,000kW以上）	26	10円台
地熱（15,000kW未満）	40	－
バイオマス（間伐材等由来2,000kW以上）	32	10円台
バイオマス（間伐材等由来2,000kW未満）	40	－

済的な負担を拡大することになる。

　風力発電についてもう1つ問題なのは、近年顕著に勢いを増している台風への備えだ。2018年、2019年に日本を襲った大型の台風により、日本列島は大きな被害を受けた。気候変動に対処するために再生可能エネルギーの普及拡大を図るのであれば、気候変動に伴う自然の脅威に対しても慎重にリスクを評価しなくてはならない。再生可能エネルギーの重要性を訴えるのなら、今後の台風の脅威を甘く見てはいけない。

　近年の大型台風では、沿岸に近い地域が強風の影響を特に強く受けた。2018年も2019年も60m近い強さの暴風に見舞われたことを考えると、風力発電設備の建設に当たっては、台風の威力が今後一層増すことを前提とした風車の強度設計を行わないといけない。多くの人口や設備を抱える日本の沿岸部で、大型の風力発電設備が倒壊したり浮遊したりすると、大きな被害が発生する可能性がある。風は標高が増すにつれ強さを増すから、大型の風力発電の頂部は100m程度の強風を受けることを考えなくてはいけなくなる。風力発電設備そのものに加え、巨大な風車を支える基礎についても大変な強度が要求される。世界的に見ても、日本の沿岸部は風力発電設備にとって最も難しい地域の1つになるのではないか。

位置づけが問われるバイオエネルギー

バイオマス発電では、いわゆる静脈系と言われるバイオマスのエネルギー利用について今後も力を入れていくべきだ。しかし、一般廃棄物や食品廃棄物、畜産系廃棄物、農業系廃棄物などを単純に収集しエネルギーを利用しても、風力発電や太陽光発電に比肩するような経済性は得られない。こうしたバイオマスを活用するに当たって経済性を得るには、廃棄物の排出、処理、処分と一体的にプロセス改革を行う必要がある。例えば、一般廃棄物の場合であれば、以下のようなプロセスだ。

- ➤乾式バイオガス生成設備で発酵させることができる有機物質を分別収集する。
- ➤前項を乾式バイオガス精製設備で効率的にバイオガス化し、高効率のガスエンジンで発電に供する。
- ➤プラスチック系の包装廃棄物の削減を徹底する。
- ➤上記により焼却対象となる一般廃棄物を激減する。
- ➤削減された焼却ゴミの処理を民間の処理事業者に委託する。
- ➤前項により自治体の一般廃棄物焼却施設を順次停止していく。または、委託先となる民間事業者に売却する。
- ➤焼却施設の停止により削減されたコストを乾式バイオガス生成設備の整備費などに充当する。

これは、乾式バイオガスという高性能の技術により、これまでより幅広い有識物質をバイオガス化できることにより可能となったプロセスである。このシステムにより再生可能エネルギーの導入量が増える上、一般廃棄物の焼却施設の建設費、運営維持管理費が大幅に削減され、最終処分のコストも減る。その分、上述したシステムの建設、運営維持管理費について廃棄物の関連政策から資金が出てもいい（**図3-1**）。

国土の3分の2を覆う森林の保全のための自国内木質バイオマスについても、エネルギー利用を進めることが林業関連事業者の収入拡大、森林資源を抱える地方の振興という政策に寄与することになる。インバウンドの経済的な価値が高まっていることを考えると、世界が評価する日本の国土の美しさを守るという観光政策の観点から支援していいかもしれない。

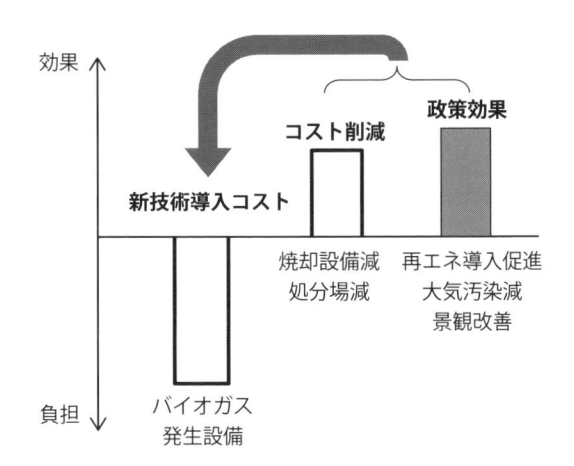

▶ 図3-1　静脈系バイオマスエネルギーの経済構造

　このようにバイオエネルギーの普及は、バイオマスが発生する分野とエネルギー分野の政策目的を勘案の上支援策が決まる。これまでも基本的にそうした枠組みで政策が運営されてきたが、今後は2つの観点を強めることが重要と考える。1つは、非エネルギー分野での事業の効率化などによる回避コストの回収率を高めること、もう1つは、設備・システムの汎用化を進め、エネルギー化のコストを低減することだ。それによりエネルギーの需要家が負担するコストを最小限にする。いわゆる静脈系のバイオマスについては、非エネルギー分野での事業構造などの改革とエネルギー政策を一体化しないと国民負担が拡大する。再生可能エネルギーの普及は単なるエネルギー転換だけでなく、社会システムの転換が必要になることを示す典型的な例と言える。

海外持ち込みバイオマスと革新的バイオマス

　バイオエネルギーで近年注目されているのは、海外から持ち込まれる木質系などのバイオマスと技術革新により効率性が高まった藻や微生物などによるバイオマスの利用である。前者については、輸送に伴うエネルギーロスも含めて今後のあり方を検討する必要がある。例えば、木質バイオマスを

8,200tの船でアメリカ大陸から運ぶ場合、片道で6,000t程度のC重油を消費する。重油は木質バイオガスの約2.5倍のカロリーを有するため、20%弱のエネルギーを失っていることになる。日本に持ち込まず現地でエネルギー化していれば、その分だけで温室効果ガスを削減できることになる。化石燃料に比べてはるかにエネルギー密度が低いバイオマスは、地産地消でエネルギー化すべきなのである。

気候変動は地球規模の問題だから本来、再生可能エネルギーをどこで生産、消費するかは効率性によって決められるべきである。にもかかわらず、バイオマスが膨大なエネルギーを消費して海外から持ち込まれるのは、現在世界的に議論されている地球温暖化対策が不完全なものであるからだ。バイオマスは太陽光などに比べて賦存量の天井が低く、人口、国土面積、気候、自然資源とそれを使った産業の規模などによって供給量が制約される。本来であれば、グローバルな視点で効果的な利用が図られるべきだ。

これに対して、藻や微生物によるバイオ燃料については今後も技術的な発展が期待できる。航空機燃料のように、他の再生可能エネルギーでは代替できない分野もある。最近、ジェット機による環境汚染や温室効果ガスの排出が注目されている。電気自動車のリアリティが高まったこともあり、航空機の推進力の電動化も議論されているが、電動による推進がジェットエンジンに及ばないのは飛行機の歴史が示している。ジェットエンジンから電動による推進力への転換は、航空のスローダウンに他ならない。バイオエネルギーは航空機のスピードの維持と環境改善を両立し得る数少ない選択肢の1つである。その意味で、バイオエネルギーは、太陽光発電や風力発電では代替が難しい分野に欠かせない再生可能エネルギーと言える。

バイオエネルギーや風力発電の積み増しが重要なことは間違いないが、認識すべきなのは、以上述べた再生可能エネルギーの積み増しで実現できるのは2015年に政府が示したエネルギーベストミックスのレベルの低炭素化だ。その直後に合意されたパリ協定の下で欧州が目指している低炭素化のレベルははるかに高く、既存の技術の堅実な積み増しだけでは達成できない。日本が他の先進国の勢いにキャッチアップするためには、既存技術の積み上げではない革新的な仕組みが必要である。そのカギとなるのが太陽光発電である。

メガソーラーの限界

　地球上には人類が消費するエネルギーの1万倍ものエネルギーを持つ太陽光が降り注いでいると言われる。こうした圧倒的な賦存量と風力やバイオマスも太陽光が源であることを考えると、現在世界的に議論されているレベルの低炭素化、脱炭素の実現は、太陽光発電（Photovoltaics：PV）が再生可能エネルギーの主役になれるかどうかにかかっているとも言える。

　ただし、PVの電力利用には大きな制約がある。風力発電以上に変動の大きいPVのシェアを高めると、バイオマス、原子力、火力などの変動追従性のある発電の稼働率が著しく低下する。無理に平準化しようとすると、膨大な量の蓄電池が必要となり投資額が膨れ上がる上、蓄電池の処理・リサイクルの負担も大きくなり、新たな環境問題を引き起こす可能性もある。FITではメガソーラーが急増したが、メガソーラーの拡大には防災面の問題もある。これから風速60m近い強風を引き起こす台風が毎年のように日本列島を襲うようになることを想定すると、その風圧に耐える太陽光パネルと架台が必要になる。実際、2018・2019年の台風ではメガソーラーの被害がいくつか報道されている。

　国土保全上の問題もある。平地が限られた日本でメガソーラーを拡大しようとすると、山間地を切り拓くことが必要になる。2019年に日本を襲ったような豪雨を考えると、山間地を切り拓くことは保水機能の低下と土砂災害リスクの増大につながる。1カ所、2カ所の開発が問題とは言えないが、日本各地でエネルギーミックスに影響を与えるような規模で山間地を開発すれば（太陽光のシェアを1%拡大するためには80km^2（山手線の広さの2割増程度）の開発が必要）、2018・2019年に日本を襲ったレベルの台風に見舞れた際に国土保全上の問題を引き起こすと考える。

再びルーフトップPV

　以上のように考えると、日本がエネルギーミックスの中の再生可能エネルギーの比率を画期的に引き上げるためには、PV、中でもルーフトップ型PVの劇的な拡大が必要になることがわかる。

日本には3,000万戸程度の戸建て住宅がある。その屋根を最大限に使って1戸当たり5kWの太陽光パネルを設置したとすると、発電容量は約1億5,000万kWとなる。PVの稼働率の低さを考えても、実効ベースで約4,000万kW、原子力発電40基分もの発電容量になる。この他に工場、業務・商業ビル、公共施設、集合住宅などの屋根があり、FITで導入された6,000万kW程度のメガソーラーがあるから、PVだけで日本の総発電容量の3分の1程度に相当することが可能となる。ルーフトップPV以外に、上述したような国土構造上、地政学上の問題を伴わず、これだけの規模の発電容量が期待できる再生可能エネルギーはない。しかも、太陽光パネルを設置するルーフは現に存在しており、技術革新で今後も単位面積当たりの発電量が向上するのである。用地が確保できるかどうかわからない風力発電などに比べ、再生可能エネルギーの発電量シェア拡大の実現性が高い。

　ルーフを使うことは発電容量以外のメリットもある。

　1つ目は、断熱効果が期待できることだ。気候変動で日本でも高温対策の重要度が高まる。太陽光パネルは部材自体が断熱性を発揮するだけでなく、パネルに降り注ぐ太陽エネルギーを電気に転換するので、その分だけ熱の遮断効果が期待できる。

　2つ目は、投資のバリエーションが増えることだ。小型で分散している分だけ、個々人が所有してもいいし、事業者がアグリゲーション（集約）してもいいので、いろいろなファイナンス手法が考えられる。国として見れば、再エネの投資負担を分散することができる。

　3つ目は、新たに送電線を敷設する負担が少ないことだ。もちろん後述するように、ルーフトップPVならではの配電網強化のための負担はある。しかし、需要地からはるかに離れたウィンドファームのための送電を建設するのに比べれば負担は少ない。

　4つ目は、建物やシステムと組み合わせたパッケージ型の商品を作れることだ。そもそも、この分野では日本が世界の先端を走っていたが、メガソーラーバブルに巻き込まれたことが産業競争力の低下につながった。

　以上述べた再生可能エネルギーに関わる論点を踏まえ、次に卒FITのシナリオを考えよう。

卒FIT、
4つのシナリオ

見えない日本のエネルギー戦略

　2019年の年末に開催されたCOP25では、小泉環境大臣が苦しい答弁を強いられることになった。日本が石炭火力を継続あるいは輸出していること、EUが今世紀半ばを目途に大胆な脱炭素戦略を提示しているのに対して日本としての方向性を示せないこと、が背景にあろう。2020年度には、東日本大震災の混乱の中で制定された日本版FITが見直されると言われている。日本版FITは制定当初から、専門家の間では継続性のない泥船と評されていた。第1章で述べたように、国民に巨額の負担を強いたにもかかわらず、エネルギーシステムの面で大きな成果を上げることができず、産業面ではむしろマイナスの効果があった日本版FITであるから、これまでの反省を踏まえて見直すのは歓迎されるべきことだ。

　しかし、FITが見直されたからと言って、日本の再生可能エネルギー戦略が見えてくる訳ではない。見直しの中で決まっているのは、再生可能エネルギーの調達をより競争的なものにしようということだ。一方で、国際的に見て割高な国産再生可能エネルギーの開発が続けられているなど、筋の通った再生可能エネルギー戦略の姿は見えて来ない。FITに次ぐ制度の内容よりも重要なのは、日本政府がどのようなスタンスで再生可能エネルギーを導入していこうとしているかである。それにより、日本の再生可能エネルギー市場の行方は変わってくる。

　こうした前提を踏まえた上で日本の再可能エネルギー市場について、どのようなシナリオが想定できるかを考えてみよう。

2030年のエネルギーミックスの延長

1つ目のシナリオは、2030年のエネルギーミックスの流れが踏襲されることだ。太陽光発電の導入量については、FITの導入で大きく伸びたので、FITに代わる制度の下で着実に積み上げていけば、2030年の再生可能エネルギー導入量の目標をクリアすることは可能かもしれない。それを前提に、2030年のエネルギーミックスを達成するための政策を継続し、2050年を迎えるのがシナリオ①である（**図3-2**）。ある意味、無理がなく、国内では最も合意形成しやすいシナリオとも言える。

しかし、このシナリオによって生まれる2050年のエネルギーシステムはあまり魅力的なものではない。2030年のエネルギーミックスにおける再生可能エネルギーのシェアは22~24%だ。しかし、そのうち9%は水力発電であるから、水力以外の再生可能エネルギーの積み増しは計画策定時点から10%強に過ぎない。さらに、その中で日本版FITの大盤振る舞いによって発生したメガソーラーバブルによる太陽光発電が多くを占めることになる。日本版FITの制定からエネルギーミックスの目標年度まで18年だから、同じことをしていたら、ほぼ同じ長さの2030年から2050年の期間で、積み増すことのできる再生可能エネルギーの導入量は2030年までの実績に届かないのではないか。そうなると、2050年の再生可能エネルギーのシェアは、24%＋10%強で40%にも届かないことになる。

一方、2030年のエネルギーミックスで示されている原子力発電のシェア22%を実現するためには、原子力発電を40基程度復帰させなくてはならない。これに対して、東日本大震災が起こった2011年から2020年までの約10年間で復帰を果たした原子力発電は9基（2020年2月）しかない。2030年のエネルギーミックスにおける原子力発電のシェアを達成できると思っている人は、官民を問わずほとんどいないだろう。そして、2030年を超えると、稼働年数が40年を超える原子力発電所が続出し、法律で許されている20年延長を加算した60年を超える原子力発電所も出てくる。原子力発電所のリ

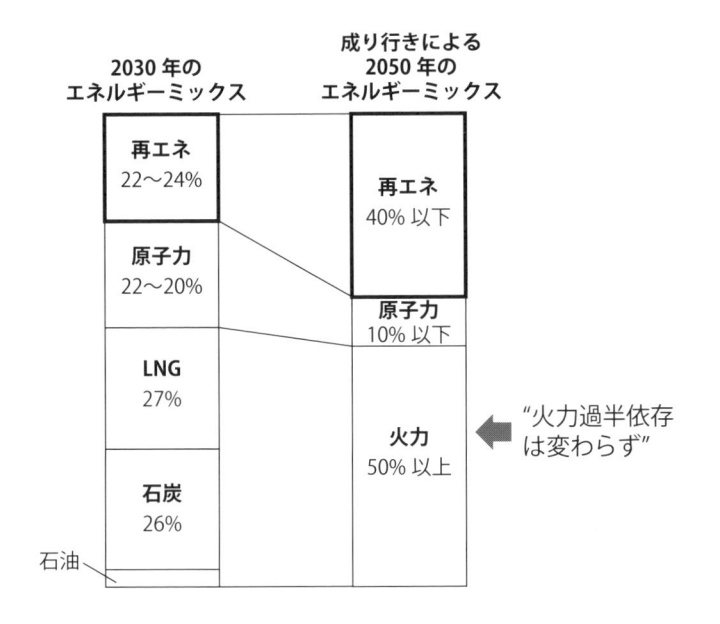

▶ 図3-2　2050年のエネルギーミックス

　プレースは東日本大震災から約10年が経っても目途が立っていないどころか、議論もできていないのだから、今から10年後の2030年に状況が大きく変わっていると言える理由がない。

　2030年のエネルギーミックスについても、原子力発電の現状を踏まえて現実的な見直しがされるべきだが、老朽化による停止が相次ぐ2050年に向けては、一層現実的な絵を描かざるを得ない。そのとき、2050年のエネルギーミックスにおける原子力発電のシェアは10%にも達しないだろう。原子力発電が10%以下、再生可能エネルギーが40%以下となると、半分以上の電力を何で賄うかということになる。

　最近、記録的な豪雨でダムの機能が見直されているので、水力発電については積み増しされる可能性もある。といって新しいダムを作るのは、時間的にも、用地的にも、合意形成の面でも難しく、既存ダムのリパワーしか手はない。国土交通省が管理する治水系のダムに水力発電設備をつける、電力会社の水力発電所のリパワーを支援するなどが考えらえるが、積み増すことが

できるシェアはわずかだろう。

　次に考えられるのは水素発電だ。筆者らは、世界のエネルギーシステムは今世紀後半から来世紀初頭辺りで水素中心に移行していかなくてはならない、と考えているので、水素発電の導入・拡大は大賛成である。しかし、2050年までにどこまで導入できるかはわからない。

変わり映えしないエネルギーポートフォリオ

　こうした考えに基づき、現状の延長線上で2050年のエネルギーミックスを描くと、電力の半分は火力発電に頼らざるを得ないことになる。棒グラフにすれば、2030年のエネルギーミックスの再生可能エネルギーのシェアを4割程度に広げ、原子力発電のシェアを半分程度に減らし、水素発電を若干加え、残りは火力発電ということになる。原子力発電の減少分を再生可能エネルギーで補った形だ。脱炭素という意味では、2030年のエネルギーミックスと大きく変わらないものになってしまう。

　パリ協定の合意以来、国、企業が競って脱炭素化の動きを強めている上、10年前と比べても気候変動の影響が顕著になっているから、2030年さらには2050年には、今よりはるかに脱炭素の要請が強くなっているはずだ。その中で、上述したエネルギーミックスが世界的に受け入れられる可能性は低いと考えられる。それでも、各国を納得させるためには以下のような方法しかない。

　1つ目は、原子力発電のリプレースを進めることだ。エネルギー関係者ならその必要性は理解するだろうが、政治的に極めてリスクの高い判断をいつ、誰がするかが問われる。

　2つ目は、火力発電の低炭素化を進めることだ。CCSやメタネーションを進めることで、火力発電から排出された二酸化炭素を固定化ないしは再利用する。世界的に火力発電がなくならないことを考えると、日本がこうした技術に力を入れるのは意義がある。しかし、他の先進国と一線を画した方針が国際的にどのくらい受け入れられるか、エネルギーミックスの過半を占める火力発電にどのくらいの割合で導入できるか、どの程度の財政的負担がかかるかなど課題は多い。

　3つ目は、新興国、途上国で実績を作り、日本の二酸化炭素排出量を割り引いてもらうことだ。日本は2国間クレジットで努力を重ねてきたが、その成果をもって自国の排出量を割り引き、エネルギーミックスの半分にも適用することが国際的に受け入れられるとは考えられない。

　4つ目は、石炭火力を止めようとしない中国、トランプ政権と同調することだ。あり得ないこともないが、その後の政治的なしっぺ返しが怖い。

　以上のように考えると、2030年のエネルギーミックスの延長線上で、2050年に向けたエネルギー戦略を語ることは非常に難しいことがわかる。

【シナリオ②：国際市場軽視の再エネ大量投入 ⇒ガラパゴス化した高コストな再エネ市場】

国際的要請への対応

　2030年のエネルギーミックスの路線を踏襲すれば、日本のエネルギーシステムはシナリオ①に近いものとなるだろう。気候変動対策に関するパリ協定以来の流れが変わらない、あるいは加速するのであれば国際的に評価されるものではない。その結果、日本は世界的なエネルギーシステムの変革の動きから取り残されることになるかもしれない。エネルギーシステムの革新の中ではハード、ソフト合わせ様々な技術、ビジネスが生まれるから、日本の経済、産業に与える影響も少なくない。例えば、中国は石炭火力を停止する気はないものの、再生可能エネルギーの導入に欠かせないエネルギーマネジメントの分野で技術開発、知財獲得を進めている。

　さすがに、シナリオ①の最後で示した第四の選択肢を選ぶほど日本政府も愚かではないだろうから、何とかして再生可能エネルギーの導入量を増やそうとするはずだ。そのとき問われるのは、FITの反省を活かせるかどうかだ。FITからFIPに変わっても、再生可能エネルギーにどのようなインセンティブを与えるかについて検討が必要なことは変わらない。重要になるのは、何に重きを置くかである。例えば経済性に重きを置くのか、自国産に重

きを置くのかである。前者であれば、中期的な視点を含めて経済性の高い、あるいは今後経済性が高まる再生可能エネルギーの導入を優先して進めることになる。後者であれば、自国内のエネルギーをできるだけ利用するために様々な技術を開発することになる。

問われる基本に立ち戻ったエネルギー調達

　再生可能エネルギーが中心になっても、多様なエネルギー源を使いエネルギーに関わる調達リスクを軽減する、というエネルギー政策の基本原則は変わらない。その意味において特定の再生可能エネルギーに偏重せず、複数のエネルギー源を利用できるようにしないといけない。再生可能エネルギー自体が気候変動の影響を受けるのであればなおさらだ。

　一方で、エネルギー源の多様化は調達リスクを低減するためのものだから、調達リスクを下げるだけの賦存量がない、あるいは調達コストを著しく高める、ようでは意味がない。また、エネルギーコストは日本企業の生産コストに直結するため、海外に比べて経済的に劣位にあるエネルギーの利用はできるだけ避ける必要がある。この辺りが十分に評価されて、導入の優先順位が決められるべきである。

　FIT開始当初にはこうしたエネルギーの原則が無視されて、PVに法外な買取単価が設定された。最近になって単価はかなり是正されてきたが、やや遅きに失した面がある。この経験を活かすのであれば、導入条件に誤りがあった場合、迅速に是正できる仕組みを講じたい。PVについてはメガソーラーバブルの反省もありFITからFIPへの移行が図られるが、PV以外の再生可能エネルギーについては、依然として海外に比べてかなり割高な単価が設定されている。

　技術開発が日本のエネルギーの効率性を高めたという成功物語があるからか、日本のエネルギー政策は技術的な意向に左右されることが多いように見える。高性能の火力発電が輸出で日本経済に貢献したことは確かだが、メガソーラー向けのPVパネル、大型風力発電機のグローバル市場での勢力図はすでに出来上がっており、日本勢が入り込む余地はほとんどない。単品の発電技術の開発が輸出を通じて日本経済に貢献するという図式は、ほぼ成り立

たないと見ていい。国際競争力を失った分野、国際競争力を獲得できそうもない分野では海外の技術を使う、という考えが効率的なエネルギーシステムを構築するための基本だ。その方が、自国開発すべき技術領域が明確になるだけ、結果的に国際競争力のあるエネルギー関連技術が育つという効果も期待できる。

　再生可能エネルギーは種類が多いだけに、エネルギーシステムの構築、国際競争力のあるエネルギー技術の開発に関する基本理念を見失うと、国際的に見て割高で海外展開もままならない技術が多用されるというガラパゴス状態に陥る可能性がある。しかし、割高な国内技術を使って日本独自の環境に発電設備を作っても、シナリオ①に対して積み増しさせる再生可能エネルギーの量はわずかになるだろう。火力発電に過半を頼るというエネルギーミックスの構造は変わらない。残念ながら、日本のエネルギーシステムがこうした状況を呈する可能性は、依然として払拭できない。

【シナリオ③：基本に徹したエネルギーシステムの整備 ⇒グローバル市場への組み込み】

グローバル視点のエネルギー調達

　日本のエネルギー市場がガラパゴス化しないために必要なのは、エネルギーセキュリティの視点を持ちつつ需要家に信頼性の高い電力を低廉な価格で提供する、というエネルギー事業の基本に立って設備・機器の調達、技術開発を行うことだ。例えば、太陽光発電のパネルについては、世界トップクラスのメーカーの製品の性能はエネルギーセキュリティに影響を与えるほど差がないと考えられるので、調達先が特定の国に偏らないように配慮し、グローバル価格で調達することになる。具体的には世界で最もコスト競争力のある中国製パネルのコストと世界で最も生産性の高い架台のコストをベースに、耐震性など日本ならではの要件を加味してプレミアム価格を設定する。オペレーションコストについても同様に考える。

日本版FITの結果が示すように、グローバルベースから逸脱した単価の設定が企業を育てることにつながらない、それはメーカーだけの話ではない。日本版FITで数多くのメガソーラーオペレーターが生まれた訳だが、その中で海外の有力な再エネオペレーターと競えるようになった事業者がどれだけいただろうか。グローバル市場で戦える事業者を育てるには、まず自国内市場をグローバルベースにしないといけないのだ。

　こう考えると、メガソーラーのパネル、風力発電機については日本市場から日本勢が駆逐されることになるかもしれない。それでもいい、日本は競争力のある市場で自国の産業を育てればいい、という比較優位論に沿った考え方を貫けるかどうかが問われることになる。今世界で活躍している多くの企業が自社、自国の優位さを追求した結果今日のポジションを築いていることを考えると、産業育成はできるだけ比較優位の考え方を貫くべきなのだろう。

　エネルギーという基幹インフラの分野で、外国産のPVパネルや風力発電機を使って、外国資本のオペレーターが発電事業を運営することへのアレルギーを払拭できるかどうかが問われる。

日本版が許容される理由

　一方、グローバルな経済論だけで世の中が上手くいく訳でないことは、昨今の社会情勢が教えてくれる。再生可能エネルギーには見た目の発電コストだけで評価できないものもある。例えば、前述した通り、日本の一般廃棄物の収集処理システムは世界的にも高いレベルにあり、これを一層効率化する観点で実施するバイオエネルギー事業を大型のPVや風力発電と同様に考えることはできない。日本は国土の3分の2が森林に覆われ、これを大切に保持してきた唯一の先進国であるから、森林保全と連動する木質バイオマスのエネルギーについても同じことが言える。世界有数の地熱大国であり、地方衰退の問題を抱える中、地域と一体となった地熱エネルギー事業についても同様だ。地域の産業や主体性をどうするか、競争力のない中小企業をどうするか、はどこの国にも共通した課題だ。また、エネルギーセキュリティのための国産エネルギーをどの程度確保するかも、市場論理で答えを出すことが

できない。そうした社会的課題のために要するコストを無視した経済性優良論は合理性を欠く。

　また、10年以上にわたり毎月のようにアジアを往訪している経験から、筆者は日本のスマートハウスは戦略の立て方によってはアジア諸国で売れる商材と考えている。中韓が追随しようと思っても、生活空間に対する日本のブランドには対抗できない。だとしたら、住宅一体型のエネルギーシステムの市場を育てることはスマートハウスの商品力を高めることにつながる。

　以上をまとめると、欧米中が先行した市場では、そこで磨かれた技術、資本、事業者を徹底的に使って需要家に低廉でクリーンなエネルギーを供給し、再エネプレミアムのために拠出する資金を徹底的に絞る一方で、削減された資金を外部経済効果を発揮する分野、日本が競争力を発揮できる商品を生み出せる分野に投入する、ということだ。エネルギー政策の基本とも言えるメリハリの利いた考え方だが、実行するには政策の立案、実行プロセスで様々なプレッシャーを跳ねのけなくてはならない。

【シナリオ④：エネルギー分野での日本復興戦略 ：時代を先取りするエネルギーシステム作りに着手】

エネルギー産業小国への道

　これまでの日本政策の経緯を振り返ると、再生可能エネルギーの導入政策は、シナリオ②あるいはシナリオ①と②の間に陥る可能性が高いと考える。それに比べると、シナリオ③は最も真っ当なエネルギー政策に見えるが、これをもって日本が世界から評価される訳ではない。なぜなら産業的に見ても、エネルギー政策の面で見ても、欧米中で培われた技術、資産を使う後追い戦略に他ならないからだ。立地条件の異なる欧米中で成果を上げた技術や事業モデルを使う分、欧米中より高い成果を上げることはできない。また、外部経済効果のある分野、日本が競争力を発揮できる商品が生み出せる分野といっても、かつての重電のような大型の産業が生まれる訳ではない。仮に

スマートハウスが大化けしても、商品の中心は住宅であって、エネルギーはその中での使われる1つの設備に過ぎない。

　つまり、真っ当に見えるシナリオ③の行く末は、エネルギー産業小国としての日本なのである（図3-3）。PV、風力発電という中核的な再生可能エネルギーは欧米中に席巻され、新興国、途上国を中心に、今後もエネルギー供給のかなりの部分を占める火力発電は中国に席巻されることになる。そこで何の差別化戦略もなければ、日本のエネルギー産業の競争力はどんどん低下していく。再生可能エネルギーの導入効果についても、シナリオ②と大差なく、火力発電に過半を頼るという構造は変わらない。むしろ、高いコストをかけて日本独自の環境に発電設備を作らない分だけ、シナリオ②の効果に及ばない可能性もある。

　再生可能エネルギーのグローバル市場の勢力図は、各国の政策、企業の戦略の結果である。日本の現状の劣勢は政策、企業戦略が劣っていたことの結果でしかないという認識に立ちたい。PVについて言えば、住宅用PVで世界をリードしているうちに、グローバル市場を見据えてメガソーラー市場を開拓していれば日本のポジションは変わっていただろう。

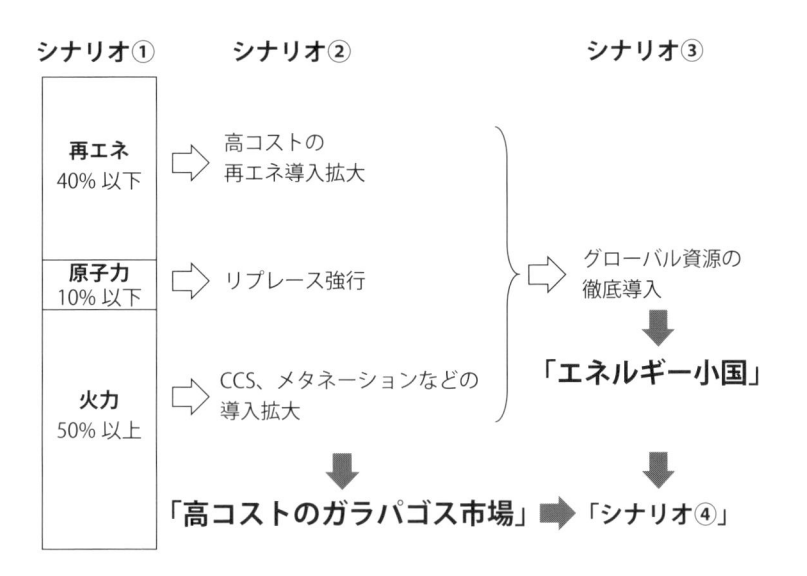

▶ 図3-3　シナリオ②、③の位置づけ

　一方、グローバル市場での競争力を回復させ、再生可能エネルギーの導入拡大に力を入れても再生可能エネルギーの発電環境で劣るため、日本は脱炭素への取り組みについて国際的に評価されない状態が続く可能性がある。日本は省エネで強みを発揮できる、という意見もあるだろう。しかし、これからどこの国でもエネルギー分野で技術開発投資をする場合、エネルギーを適切に制御するためのAI/IoTにかなりの資金を振り向けるはずだ。その結果、設備や機器の状態、使い方を把握、分析するシステムが普及したとき、日本は省エネルギーの優位性を保てるのであろうか。

　設備の効率の高さ、省エネルギーは日本の産業力を支えてきた重要な要素である。しかし、再生可能エネルギーの大量導入により省エネルギーの相対的な価値が低下し、AI/IoTが職人的な省エネルギーのノウハウを凌駕するようになることが、日本の産業の競争力の低下にも影響を及ぼす可能性は少なくない。

日本のエネルギー再生論

　こうした状況を良しとせず、日本がエネルギーの分野で競争力を復活させ、脱炭素の分野で欧州に胸を張れるようになるにはエネルギーのフロンティアを開拓するしかない。この事実を官民のエネルギー関係者が受け入れなければ、日本の行く末は、良くてシナリオ③の結末ということになる。そうならないために日本が取り組むべきことは2点に集約される。

　1つは、水素社会に向けた道筋を描くことである。エネルギーシステムが最終的に向かうべき方向が水素である、と考える国が多くなっている。しかし、多くの国はそこまでの具体的なアプローチ方法を描くことができず、政策として示すことができないでいる。日本がそのアプローチ方法を示し、そのための取り組みを始めると言えば賞賛されるはずだ。筆者らは、現在のエネルギーシステムからダイレクトに水素社会に向かうための壁の高さを減じるために、水素と他の気体燃料を混合する「気体燃料の時代」を設定することを提唱している（拙書「エナジー・トリプル・トランスフォーメーション」参照）。

　もう1つは、再生可能エネルギーがエネルギーの中心になる時代の本命で

あるPVの変動を吸収する仕組みを創り上げることである。本書の目的はそのための基本的な方法論を提示することにある。詳細は後述するが、個々の太陽光パネルと変動吸収源にインテリジェント機能をつけ、稠密かつ広大なデジタル網で結び、気候情報とつないで、太陽光発電のポテンシャルを最大限に引き出すシステムを構築することである。これにより、日本でも電力の半分以上を再生可能エネルギーで直接賄うことが可能となる。こうした取り組みによれば、エネルギーミックスにおける再生可能エネルギー（水素化などを経ず、再生可能エネルギーを直接発電に供することにより得られるエネルギー）の比率は過半を超え、残りの部分についてもカーボンゼロを目指すことが理論的に可能となる。

　いずれも、壮大な試みであることに変わりはない。しかし、このレベルのチャレンジを成就させない限り、人類が直面しているエネルギー問題を解決することも、新しい時代に日本のエネルギー産業が輝きを取り戻すこともできない。逆にチャレンジに向けた国としての意志を示すことができれば、日本を呪縛してきた2030年、2050年という目標年度のあり方についても再考を促すことできるだろう。

Solar Digital Grid （SDG）のシナリオ

ルーフトップPV普及の課題

　ルーフトップPVをエネルギーミックスの中に位置づけることには課題もある。

　1つ目は、主として低圧のレイヤーにつながれているPVの電気をどのように融通するかである。ルーフトップPVは家庭用で100Vあるいは200Vの低圧配電網、中小工場で6,600Vの高圧配電網につながれている。これを広域で使うためには1ケタ上、さらに高圧の送配電網に送り、再び減圧して需要家に配電しなくてはならない。送配電線は遠隔で作られた超高圧の電気をウォーターホール式に減圧し、様々な規模の需要家に送ることを想定して作られているので、低圧層から大量の電力を高圧層に吸い上げ、再び低圧層に配電すると変電所や送配電網や運営機能への負担が大きくなる。減圧と昇圧を繰り返すことによる電力損失もある。

　2つ目は、無数に広がるPVパネルがどの程度発電してくれるかをどのように把握し、それをどの程度信用すればいいかである。現在の電力システムは、資格を有した一定数の発電事業者が、一定の想定の範囲内で発電を行うことを前提に運営されている。発電事業者としての資格のない家庭などから送られる電力をどのような予測、管理すればいいか、新たな仕組みを考えなくてはいけない。

　3つ目は、発電投資をどのように持続させるかである。規制時代は電力会社に独占権を与える代わりに、十分な規模の発電設備を維持する責任を負わせた。自由化後も電力会社が供給責任を完全に放棄した訳ではなく、将来の需要を想定した上で発電投資を計画し、政策サイドとも連携している。需要予測や行政サイドのコミュニケーションとは縁のないルーフトップPVのシェアが大きくなった場合、どのように発電量を維持するかが課題となる。

4つ目は、発電規模をどのように維持するかだ。住宅用PVはもともと自家用に開発されたため、自家需要がサイズを決める際の1つの目安になった。一般的な戸建ての電力需要は1kW程度なので、PVパネルもそれを踏まえた10m²程度のサイズとなった。電力自由化によりPVで得られた電力を販売できるようになったため、近年では一般家庭でも3〜5kWの容量を備えることが珍しくなくなった。しかし、まだまだルーフ全面にPVパネルを備えた住宅は珍しい。

　5つ目は、変動をどのように吸収するかだ。電力システムの1つの考え方は、送電線を広域に張り巡らしていろいろな需要を接続することで需要を平準化し、発電機の稼働を安定させ効率を高めるというものだ。この考え方を供給サイドに適用すれば、再生可能エネルギーの変動を吸収することができる。対ソ連のエネルギー政策に端を発し、国境を超えて送電線を接続し世界で最も広い送電網を築き上げて再生可能エネルギーの接続性を高め、気候変動の時代をリードしてきたのがEUと言える。しかし、PVの変動はこうした従来の送電網の平準化機能だけで吸収することはできない。昼間の日差しの強さによる急激な変動は吸収できるかもしれないが、昼と夜、真夏の晴天と冬の曇天などの変動を吸収することはできない。PVの変動を吸収するために、アフリカ大陸を横通しするPVのグリッドを作るという話もあったが、様々な事情を抱える国を送電線で結ぶという発想は国際政治の難しさを軽視した考え方だ。昨今の国際情勢を考えると、国境を超えた送電線の連結という考え方には慎重であるべきだ。

　以上述べたルーフトップPVの課題を解決するための方策が、新しいエネルギーシステム作りにつながる。そのために具体的な方策は以下の通りだ。

他電源を圧迫しないエネルギーポートフォリオ

　PVを中核的な電源として取り込むためには、PVの電力を電力供給の中にどのように取り込むかを想定しておかないといけない。PVが発電するのに任せて送電線につなぎ、再生可能エネルギー優先で需要家が使えば、水力、原子力、火力など送電線内の電力の安定化に貢献している電源の稼働率が著しく低下し、一時的にはストップするような事態となり、事業が成り立たな

くなる。これが、欧州で起こったことである。

　外燃機関、内燃機関型の発電設備は最も効率が高くなる稼働率が決まっており、稼働率が下がると効率がかなり低下する。したがってPVのシェアが拡大し、制度的な枠組みないしはPV電力の見た目の価格（PVの増大による送配電網の強化、他の発電の採算性の低下などを反映しない単価）に圧迫されて天然ガス火力の稼働率が下がると、その分だけ余計に燃料を使うことになり、kWh当たりのCO_2排出量が増すという気候変動対策としての矛盾が生じてしまう。どこの国も当分の間は天然ガス火力に頼らざるを得ないのだから、こうした矛盾を最小にするような電力システムの運営を目指すべきだ。

　燃料を石炭から天然ガス、さらには水素に変えようが、電力システムを安定させるために外・内燃機関を使った発電設備が不要と思う人はいない。PVを大量導入してPVの「わがままな振る舞い」を他の電源に押しつけるような仕組みを放置していれば、バイオマス発電も水素発電も成り立たなくなる。PV電力利用の改革なしに、脱炭素に向けたエネルギーシステムが実現することはないのである。

他電源との共存のためのPV電力の吸収

　PVと外・内燃機関型発電が共存するために考えられる1つの方策は、PVの電力を安定電力部分と吸収対象部分に分けることである。PVの典型的な発電パターンを特徴的に図示すると、日照時間が最も強い時間をピークとして日の出、日没でゼロになる突起型をしている（図3-4）。この突起部の角度が他の電源に比べ急峻で、発電量ゼロの時間が大量に発生することが太陽光発電の問題である。これをそのまま送電網に取り込むと、突起のピーク付近で他の電源の稼働が遮断されてしまう。前述した規模のルーフトップPV、メガソーラーがフル稼働し、PVを優先的に送電線に接続させると他電源の稼働は完全に止まる。

　そこで、PVの突起の上部を何らかの形で吸収し、台形パターンの電力だけを送電線に取り込むようにすればPVと他の電源が共存することができる。一般的にPVの発電量が増える昼間は電力需要も増えるので、台形を上

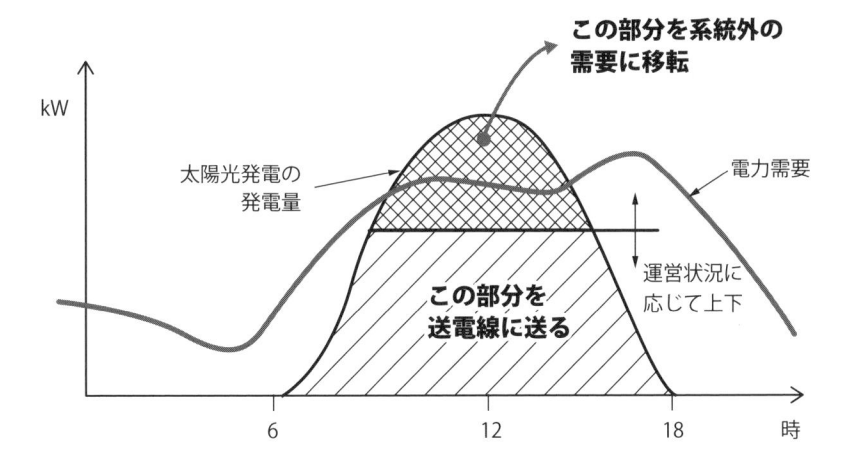

▶ 図3-4　太陽光発電の供給調整

　手く設計すれば、外・内燃機関型発電の収益や効率への影響を相当に小さく
することができるはずだ。これによって、上述した、再生可能エネルギーの
利用が増えた分の気候変動対策効果を火力発電の効率性が減じてしまう、あ
るいは再生可能エネルギーの「わがままな振る舞い」によって外・内燃機型
発電の事業性が低下する、という問題を緩和することができる。台形の決め
方は、他電源が許容する稼働率の低下を送電網管理者に事前に報告し、あら
かじめ定められた算式により自動的に設定する、あるいはとにかくPV電力
の突起部分の吸収を優先する、などが考えられる。

　これまでは再生可能エネルギーの普及を促すために、再生可能エネルギー
を優先的に送電網に接続し、再生可能エネルギーの導入によって生じたコス
ト（送配電網の強化、他の発電の採算性の低下）を他事業者に押しつけてき
た。再生可能エネルギーのシェアが小さいうちは許されたが、再生可能エネ
ルギーがシェアの面で中核的な電源となる時代になっても、こうした仕組み
を踏襲するとエネルギーシステムが成り立たなくなる。一方で、突起状の電
力を平準化するためのコストをすべてPVに押しつけると、せっかく発電端
のコストが天然ガス火力を下回るようになったPVの普及の妨げてしまう。

　地政学的に見ても、賦存量に見ても、今後の技術革新の可能性から見て
も、脱炭素の決め手のなるのはPVに間違いないのだから、PV側の負担は

ほどほどにしつつ電力システムとしていかに吸収するか、を考える必要がある。PVの突起状の電力の先端をできるだけ大きく取り除き、台形の形状がどのようになるかを正確に予測できるようになれば、PV導入のための送配電側の負担が低減し、外・内燃機関型の発電事業の採算も安定するようになる。それは、結果的にPVの普及も促すことにつながる。

蓄電池と熱変換でPVの変動を吸収

　PVのシェアが大きくなると、従来型の送電線内の需要と供給の調整だけでPVの変動を吸収することは難しくなる。どんなに送電線内で平準化しても、最大発電容量から発電量ゼロまで毎日のように変動するのがPVである。それが1,000万kW単位で起こるのが、PVが中核的な電源となった場合のエネルギーシステムだ。

　電力系統の中でPVの変動を吸収する方法としては、揚水発電で吸収する方法、蓄電池で吸収する方法、熱に転換して吸収する方法などが考えられる。電力会社は、原子力発電の電力を吸収するために大規模な揚水発電を建設した。東日本大震災からいくつかの原子力発電が復帰したが、すべての原子力発電が復帰する目途は立っていない。また、復帰しても住民からの訴訟などで稼働が停止するリスクに晒される。さらに、新規建設が進まない中で老朽化は確実に進んでいく。

　東日本大震災から9年、すでに原子力発電所の基本的な稼働年数40年の約4分の1が経過している。こうして見ると原子力発電の実質的な復帰はピーク時に比べて一部に留まるだろうから、原子力発電向けに作られた揚水発電は他の用途に活用する余裕ができるはずだ。しかし、揚水発電が設置されるような大型の水力発電は電力系統の154,000Vの超高圧変電所につながれている。一方でPVの多くは6,600V以下の配電網に接続されているので、揚水発電で変動を吸収するためには電力系統を縦断するように昇圧しないといけない（**図3-5**）。昇圧による損失に加え、送電線運営の負荷も大きなものとなる。実際に行われている変動吸収手法だが、これだけに頼る訳にはいかない。そこで重要になるのが、蓄電池と熱への転換によるPV電力の変動吸収だ。

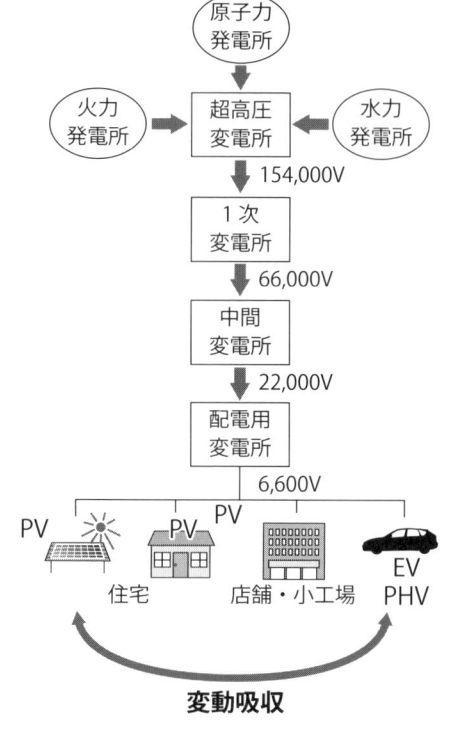

▶ 図3-5　配置網内でのPV変動・吸収

ケタ違いのEV蓄電池の容量

　蓄電池は、電力系統内の様々な位置に必要に応じた規模で接続できるので機能的である。しかし、1,000kW規模のPVの変動を吸収するためには巨額の投資が必要になる。例えば、1,000万kWhの蓄電池を設置するためには、蓄電池の単価が10万円／kWhまで低下したとしても1兆円かかる。蓄電池の寿命は発電、送配電の寿命よりかなり短いから、資産の面から見た財務的なインパクトはより大きくなる。電力需要が減退してく中で、送配電網にどれだけの投資が許容されるかを考えないといけない。

　そこで考えられるのが、自動車用の蓄電池の活用ということなる。日本に

は約8,000万台の自動車があるので、将来このうちの30％がEV（2050年を目安にIEAの予想などを基づいて設定）、30％がPHV（Plug-in Hybrid Vehicle：HVで先行した日本ではPHVが普及すると想定）となり、それぞれ50kWh、15kWhの蓄電池を搭載したとすると、蓄電池の容量は約15億kWhというケタ違いの規模になる。投資額にすると（10円h/kWh）150兆円という巨額になる。これだけの規模の蓄電池を電力以外の用途で個人や企業が投資し、維持してくれるのである。その一部を活用することができれば、電力システムが受ける恩恵は大きい。

　電力需要でこれだけの投資を負うことは不可能と言っていい。自動車用蓄電池の圧倒的な規模は産業規模の大きさで説明できる。電力も巨大な産業だが、自動車産業の規模はケタが違う。使っている動力を見ても、1つひとつの自動車のエンジンの規模は100万kWの原子力発電に到底及ばないが、1台当たり出力が100kWでも8,000万台集まれば80億kWになる。日本の電力会社の総発電容量の数十倍の規模だ。産業規模がケタ違いだから、蓄電池という新しいインフラへの投資力もケタ違いになるのは当然なのだ。

電力をリアルタイムの制約から解放するEV蓄電池

　EVを太陽光発電の変動吸収に活用すべきとする2つ目の理由は、稼働率の低さである。発電設備に比べると自動車の稼働率は著しく低い。自家用車で、週末しか自動車を利用しない場合、土日に10時間自動車を利用したとしても稼働率は6％に過ぎない。毎日2時間通勤に使う場合でも、それが倍になるに過ぎない。カーシェアの場合でも、カーシェア事業者から見た稼働率と実際の車の稼働率は異なる。カーシェア用の自動車が、1週間のうちの50％の時間ユーザーにシェアされていたとしても、ユーザーが自動車を動かしている時間はせいぜいその半分くらいであろう。つまり、実際の稼働率は20％台がいいところ、ということになる。これらを平均すれば、EVの蓄電池については90％程度の時間を有効利用することができることになる。EVとPVをつなぐことができれば、15億kWhの90％、約13億kWhをエネルギーシステムの安定化に供することができるのである。

　EVを活用すべきとする3つ目の理由は、時間の柔軟性である。EVは蓄電

されている電気量が少なくなったら充電するが、そのタイミングは所有者の性格や状況によって様々だ。蓄電量が10%を切るまで充電しない人もいれば、50%で充電する人もいる。大抵の人はきっちりとした目安がある訳ではない。ギリギリで充電する人や明日から遠出する人でもなければ、充電するのは今日でも明日でも、あるいは明後日でもいい。電力システムから見れば、時間的な柔軟性が極めて大きな需要あるいはバッファーと位置づけることができる。ダイナミックプライシングなどの実証の際に考えられていた、電子レンジやヘアドライヤーの利用時間をずらす、などの手段とは比べものにならない時間的な柔軟性と電力システムに与えるインパクトの大きさである。上述した自動車用蓄電池の規模を考えると、上手く使えば、「需要と供給をリアルタイムで一致させなくてはならない」という電力事業の宿命的な制約から逃れることも夢ではなくなる。

日本全体で戸建て住宅3,000万戸にPVを徹底的に普及し、全戸に平均5kWのPVが設置されるようにすれば、発電設備容量は約1億5,000万kWとなる。ピーク係数を0.72とすると、ピーク電力は約1億800万kWとなる。発電ピーク時の電力の30%を吸収しなくてはならないとすると、吸収すべき電力量は3,240万kWとなる。一方、8,000万台の30%がEV、30%がPHVとなり、それぞれ50kWh、15kWhの蓄電池を搭載したとすると、蓄電池の総容量は15億kWhとなる。充電時の電力量を3kWとすると、ピーク時の電力吸収量は1億4,400万kWとなるので、2割程度のEV、PHVが充電に応じればいいことになる（**図3-6**）。

蓄電容量で見ても、充電時間を5時間とすると、吸収すべきPVの電力は8,100万kWh程度となるので、数%のEV、PHVが充電に応じればいいことになる。EVの平均の充電状態が半分程度で日中は自動車の稼働時間が多いとしても、充電のためのインフラとインセンティブ制度さえ整備すれば、外・内燃機型発電への大きなインパクトを与えないエネルギーシステムを作ることができる。

EVの充電環境整備

EVがPV電力の突起部分を吸収するためには、停車している過半のEVが

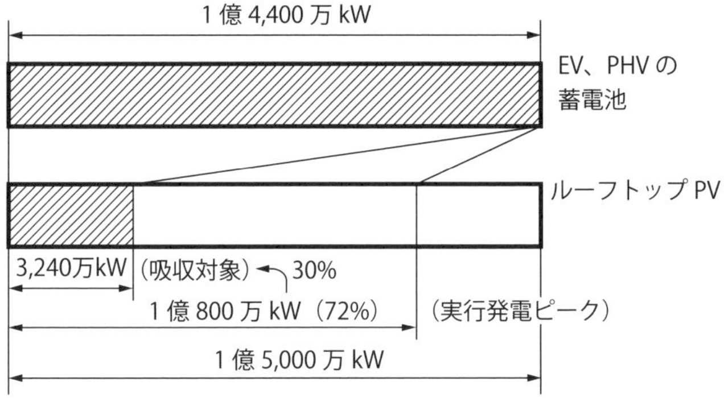

▶ 図3-6　EV用蓄電池のポテンシャル

充電できるような環境が必要になる。そのためには自宅、マンション、スーパー、ショッピングセンター、オフィス、工場などの駐車場に、最低でもPV電力を吸収するために必要となるEVの数だけ充電設備を整備しなくてはならない。EVとPHVを合わせた約5,000万台に、上述したPV電力の吸収に参加する割合3分の1を掛けた1千数百万基が目標になる。日本の充電設備の数は10万基にも満たないので、ゼロからのスタートに等しい状況だ。充電器のコストは200万円だから、目標達成には、34兆円という巨額の資金がかかる。これを重いと見るかどうかだが、EV先進国の状況を見ると、EVの普及台数が300万台に達している中国では充電器の数が約50万基、同100万台のアメリカでは数万基とされているので、EVの本格的な普及とエネルギーシステムとの接続を考えるのであれば、不自然な基数とは言えない。

　PVの変動吸収のためにEVの充電能力を活かそうとする場合、稼働率が低いEVほど変動吸収への期待が高くなる。前述した通り、最も稼働率が低いのは通勤にも使わない自家用のEVなので、これがどれくらい自由に充放電できるかが電力システムとしての機能に影響を与える。家庭に設置されているEV用の充電器の電圧は200Vだが、フル充電には5時間以上の時間がかかる。これに対して商業施設などに設置されている急速充電器は500V程度だから、倍以上のスピードで充電することができる。ただし、駐車時間が限られているので、前述したEVが吸収すべきPVのピークの発電部分は2~3

時間であることを考えると、利用パターンに合わせて充電器を整備することが必要だ。

　自家用の200Vの充電器は充電に時間はかかるが、時間の自由度をフルに活かせば、PVの発電ピークの時間を概ねカバーすることが期待できる。家庭には200V充電器を設置することが基本となるような制度整備が期待される。これに対して商用、あるいはカーシェアなどに使われているEVが都度都度の充電に使える時間は30～1時間程度がせいぜいだろうから、時間が空いたときにすぐ急速充電器が使える環境が必要になる。したがって、商業・集客施設、工場などの産業用施設用の駐車場では、駐車台数に対してEVの普及率以上の急速充電器を設置してもらいたい。これに加えて考えられるのは、最近増えているコインパーキングやカーシェア用駐車スペースにおける急速充電器の整備だ。

送配電網の強化

　EV用充電器の整備に伴って必要になるのが送配電機能の強化だ。家庭や商業・産業用施設に急速充電器を整備すれば、電力需要が2割程度増えるのでその分だけ機能強化が必要になる。住宅地では、商業施設などで今までにない高圧の充電が必要になるため、配電網についても検討が必要だ。本書の提案は、機能強化のための負担をできるだけ配電網の中に留めようということもである。また本書の提案で述べているように、EVを電力システムの蓄電機能として活用するためには、充電と放電双方を行わなければならないので、充電器と配電網も双方向的な電力のやり取りを可能とするための機能の整備が必要となる。

　こうした充電器の整備、配電網の機能強化のためには多額の費用がかかる。家庭用の200Vの充電機能の整備には一戸当たり10万円程度、高圧用の充電器の設置には一基当たり200万円程度の費用がかかる。高圧用にEVの普及台数の3分の1の充電ポイントを整備した上で、家庭用にEV、PHVの普及率と同等の50％程度の充電機能を整備すると考えると、36.5兆円程度の費用が掛かることになる。電力需要も自動車台数も減る中で、こうした費用をどのように捻出するかを検討しなくてはいけない。

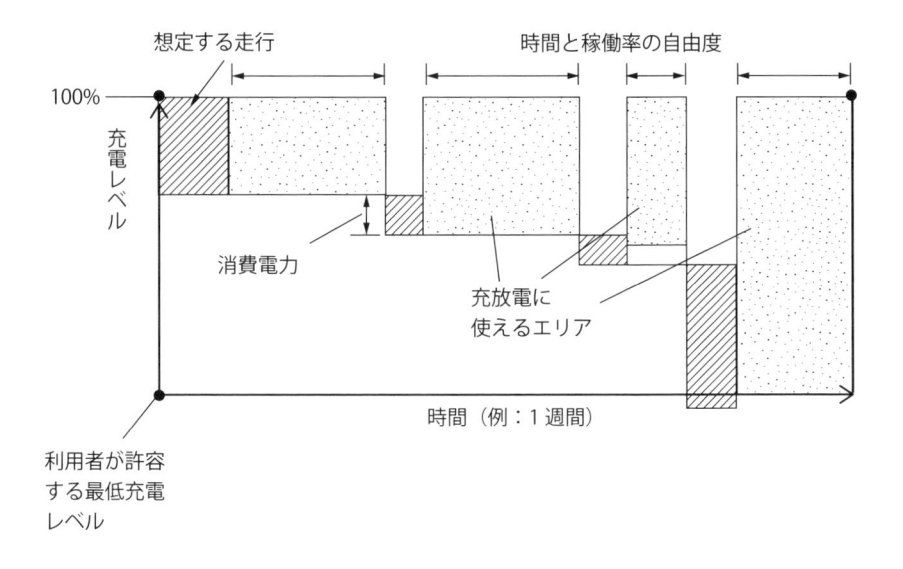

▶ 図3-7　EVによる充放電の自由度

　再生可能エネルギーについては、これまで発電部分に対してFITの賦課金が適用され、送配電部分への投資に対して託送料が充てられてきた。いずれも負担するのは電力の需要家である、というのが再生可能エネルギーと自由化の政策の枠組みの中で定められた資金構造である。EVと電力システムに組み込むためにも、政策的な背景に基づいた資金構造が定められなくてはならない。

　PV電力の突起部を吸収するために充放電設備にEVを接続するのであるから、EV用の充放電設備はエネルギーシステムの一部を構成することになる（**図3-7**）。したがって、これまでの資金の流れから考えると、託送料を値上げしてその一部を充放電設備に充当することになる。PVについては再生可能エネルギーの賦課金の一部が充当されてもいいのだが、後述するようにPV、EVについては、より広い観点から普及のための資金を確保することが必要だ。

配電網単位での需給マッチングのための環境整備

　6,600V以下で配電網に接続されるルーフトップPVの電力を効率的に利用するためには、配電網内の需要とマッチングさせなくてはいけない。ここで必要なのは単なる電力の売買ではない。PVの変動を吸収するためには、ピーク時の電力を吸収するだけでなく、EVに蓄えられた電力を需要家に放出することが必要になるからだ。電力システムから見ると、稼働率が低い巨大な容量を持った蓄電池をPVの発電量と需要に合わせてどのように利用するかを考えることになる。しかも、その蓄電池は低稼働とはいえ、利用者の自由な意思で他の用途に使われている。

　自動車としての電力の消費量が小さいから電池の容量自体が大きくてもフル充電してしまうと、走行消費だけで次の充電までにPVの変動を吸収するために十分な空き容量を作ることができない。そこで、ピーク時に変動を吸収したEVについては、翌日のピーク時までに走行によって電力を消費するか、配電網内に電力を供給するかによって蓄電池の空き容量を作ることが求められる。こうした点を踏まえると、配電網内でPV電力とEVを連結するためには以下の条件が必要となる。

　1つ目は、PVと双方向的な電力のやり取りができる配電網の機能である。すでに日本では、ルーフトップなどのPVの電力を吸い上げるための機能が整備されている。ただし、配電網内のPVの数とEVや配電網内の需要との双方向のやり取りの数、頻度が大幅に高まった場合を想定した設備と制御システムの強化が必要となる。

　2つ目は、EV利用者が好きなときに充放電ができるための接続環境である。充放電設備の設置については上述した。EVの普及で先行する中国、アメリカは日本とはケタ違いの充電器を整備しているが、その数はEV利用者が不安なくEVを走行させられることを想定したものだ。本書で述べるように、安心走行に加え、PVの発電量や配電網内の需要に合わせて柔軟に充放電できるようにするためには、中国、アメリカより相対的に多くの充放電設備を整備することが必要になる。

　3つ目は、EV利用者の都合とPV電力の発電量、配電網内の電力需要をマッチングさせる仕組みである。そのためには、これらを正確に予測し、

EV利用者の配電網への接続と需要者の利用を促すことが必要である。これについては以下で詳しく述べる。

　4つ目は、配電網外のPV電力より配電網内のPV電力を優先する仕組みである。配電網内のPVとEVあるいは電力需要のバランスは均等ではないし、電力システム全体としては配電網の外側にあるメガソーラーの変動を吸収することも必要である。したがって、最終的には配電網間でPV電力のバランスを取ることになるのだが、まずは配電網内で需給バランスを図り、PVの変動吸収余地がある場合は他の配電網外の変動する吸収するという順序を保たないと、PV電力を昇圧し広域送電する負担が大きくなる。そのために、配電網内の需給バランスを優先させるような運用を行う、遠隔のPV電力の送電のための昇圧や広域送電のコストを託送料に反映する、などが必要となる。

　5つ目は、配電網の運営体制である。配電網内での需給バランスを優先させるためには配電網独自の運営体制が必要となる。しかし、規模が限られる配電網ごとに独自の組織を作っていては、運営コストが嵩み、配電網内の電力単価を押し上げる可能性がある。こうした事態を回避するためには、2つの方策が考えられる。1つは、運営事業の付加価値を高めることだ。具体的には、後述するような配電網単位でのスマートシティ運営の一環として、送電網を運営するようにする。そうすれば、その運営体は配電網の運営に加えて、域内のMaaS、ビル、情報システムなどの運営も手掛けることができるため、運営コストを吸収する事業の範囲が広くなる。もう1つは、1つの運営体が複数の配電網を運営することだ。いずれにしても、配電網内のマッチングシステムなどを共通化するための基盤づくりが欠かせない。

PV発電の予測システム

　EV利用者の都合とPV発電量と電力需要をマッチングするためには、これらの精度の高い予測が欠かせない。そのベースとなるのはPV発電量の正確な予測だ。PVの発電量は、設備仕様、設備規模、設備の設置状況、設備の劣化状態、日照により決まる。そこからPV所有者の需要を差し引けば、配電網内で送電できるPV電力量を算出することができる。ルーフトップ

PVはある種の発電所だから、設備仕様、設備規模、設置状況、設置年度、所有形態などを配電網運営者に登録してもらう。その上で、発電量のデータを分析していけば、劣化状況を踏まえた設備の運営状態を把握することができるようになる。

　日照については、最新の天気予報情報から数百mメッシュのデータを取得することにより、個別のルーフトップPV単位にできるだけ正確な日照量を把握し、発電量を予測する。現在でも、1週間程度までならある程度の精度で天候を予測できるため、地域としてのPVの時間ごとの発電量を概ね把握できる。2日前～前日であれば雲の動きも高い精度で把握できるので、PV発電量の予測精度を高め、予測のメッシュを細かくすることができる。こうして、1週間前、3日前、前日、1時間前と発電量の予測をアップデートして精度を高め、EV所有者や電力の需要家をPV電力に誘導していく（そのためのインセンティブについては以下で述べる）。

　気象庁は概ね3年ピッチで新しい気象衛星を打ち上げている。それに、コンピューターによる気象データの解析能力の向上が加わり、天気予報の精度と細かさは年々向上している。気象予測は数あるシミュレーションの中でも、最も複雑で膨大な計算量を必要とするものの1つである。その成果が、テレビで雲の動きの予想を誰もが見られるように、われわれの生活の中に浸透しつつある。コンピューターの性能は日進月歩だから、将来的にはかなり先の気象まで正確に予測することができるようになるだろう。1週間先、半月先の天候、翌日のピンポイントの日照を正確に予測できるのは遠いことではない。それを前提に、PV発電量を予測すれば、PV発電量に合わせてEVの走行、設備の稼働などを計画することができるようになる。同じことは風力発電にも言える。再生可能エネルギーシステムのシェアを高めるために、エネルギーシステムにこうした制御技術の進化を積極的に取り込むことは重要だ。

人間が自然に歩み寄るエネルギーシステム

　元来、人間を含む動物は自然環境に合わせて活動するのが当たり前だった。太陽が昇ると活動を始め、太陽が沈めば活動を止めた。雨が降れば活動

を控え、晴天の日にやるべきことをこなした。それが、科学技術の発達と化石燃料ベースのエネルギーシステムの普及により、自然環境に縛られず活動できるようになった。自然の束縛から解放されたことが人類を進化させたことは間違いないが、同時に現在の地球環境問題につながったことも確かである。

　再生可能エネルギーは自然の都合で発生するから、化石燃料時代に作られた人間と自然の関係を堅持していたら再生可能エネルギーを使いこなすことはできない。脱炭素の時代を実現するためには、人間の方から自然の都合に歩み寄ることが必要なのである。人間の活動パターンを変えずに、再生可能エネルギーを人間の都合に合わせられるという考えは幻想だ。

　一方で一昔前、脱炭素を主張する論の中には、人間が我慢を重ねることでエネルギー消費量を抑えるようなものも見られた。豊かさを知った人類に、過度の我慢を強いるような脱炭素プランの実現性は低い。PV電力の予測をベースとした需給のマッチングの仕組みは、革新技術が「成長優先か我慢か」という両極端の論争に解決策を与える可能性が出てきたことを意味している。再生可能エネルギーの発生量を正確に予測し、需要をきちんと管理すれば、過度の我慢を強いることなく、人類が自然の都合に歩み寄ることが可能になってきたのである。

自然が起点となるマッチングシステム

　人間が自然の都合に歩み寄ることを前提とすると、EV利用者の都合とPV発電量と電力需要をマッチングする場合に、3つの要素を並列的に扱うのではなく、PV電力の中期、短期の予測、つまり自然の都合を基盤として、EV利用者の都合と生活、産業面での需要を合わせていくというプロセスを経ることになる。具体的には以下のような流れだ（**図3-8**）。

　配電網運営者は、1週間先までの配電網内のPV発電量の予測を提示する。並行してEVからの電力供給については、域内の電力需要の多寡に応じて買取単価が変動することなどを踏まえ、配電網内の需要予測を提示する。EV利用者はPV発電量の予測、PV電力の突起部の電力消費に対するインセンティブ（後述）、EVからの電力供給の単価、自らのEV利用の都合を照合

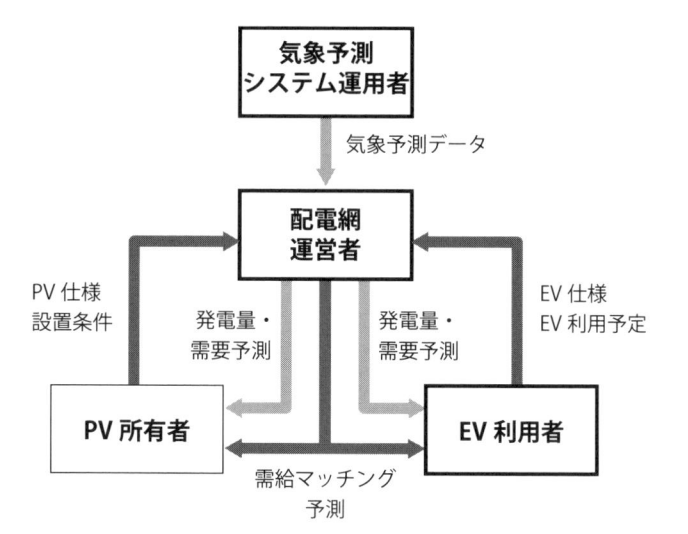

▶ 図3-8　自然主導のマッチングシステム

して、1週間のPV電力の充電、EVからの電力供給を行う時間を設定し、配電網運営者にその予定を通知する。配電網運営者はこうした通知を受けて、特定の時間に向け、1週間前、3日前、前日、当日とPV発電量や需要の予測を絞り込むことでPV電力の変動吸収の精度を高めていく。

　EV利用者に対しては、EVの利用予定に合わせて得られるインセンティブ、買電収入、買電料金が簡単に算定できるアプリケーションを用意する（図3-9）。配電網内での需給調整の目的はPVの突起部の吸収だから、PVの発電量が多く吸収の必要性が高い日（晴天の日など）と吸収の必要性が低い日（曇天、雨天の日など）で、後述するPV突起部の電力消費に対するインセンティブに差をつけることも考えられる。電力の売買に関するインセンティブだけでEV走行の予定を変える人は稀だろうが、スマートフォンの簡単な操作でEVを利用しない間に収入が得られるのであれば、PV電力の変動吸収に応じる人は少なくないのではないか。

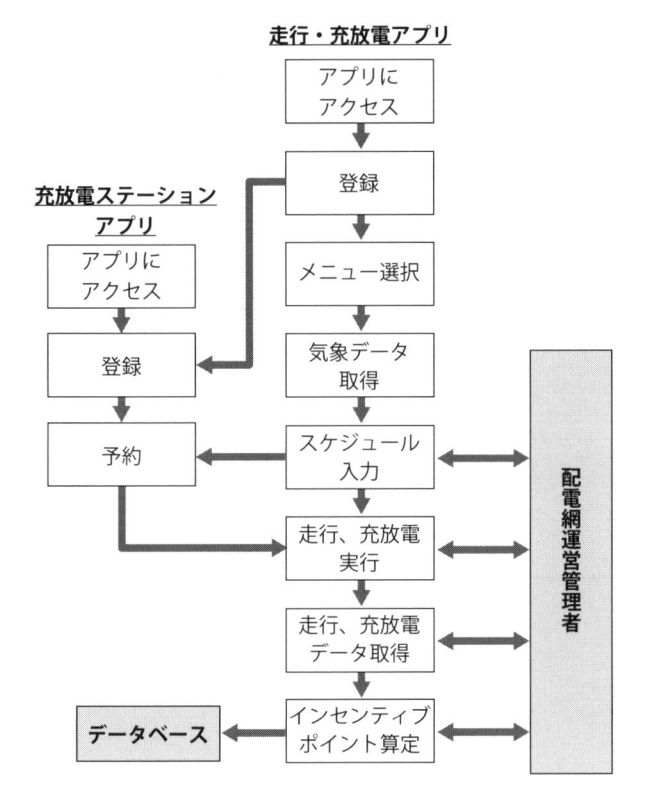

▶ 図3-9　EVの走行・充放電の流れ

EVアプリケーションのプロセス

　EV利用者はアプリケーションにアクセスし、登録（登録者の素性、EV
の仕様、決済手段など）を済ませると、売買電のメニュー選択する（時間ご
とのEVへの充電優先・売電優先、売電時のEVの最低充電率、売電を優先
する場合の電力単価のレベルなど）。その上でアプリケーションをスタート
すると配電網運営者から、気象庁から送られたデータにより計算された配電
網内のPVの発電予想と、売買電の単価予想のデータが送られてくる。EV
利用者は当該データを見ながら、向こう1週間のEVの走行予定と売買電の

予定をインプットする。

　インプットデータは常時変更できるものとする。最終的なインプットデータに従ってEVの利用や売買電を行うと、EV利用者には電気料金、売電収入、獲得したインセンティブ（後述）が通知される。EV利用者は当該の通知を、日、週、月、半年、年間などのタームで確認することができる。

　EV利用者は上記のアプリケーションで設定したスケジュールに従って、EVを介した売買電を行うための充放電ステーションを予約する。当該予約のために充放電ステーションの予約アプリケーションを用意する。EV所有者は当該アプリケーションにアクセスしてIDを獲得し、配電網運営者のサイトにインプットした売買電予定のデータを充放電ステーションのアプリケーションに連動させる。EVが予約した時間に充放電ステーションにEVを駐車させ、スマートフォンをかざすと充放電ステーションはEV利用者のIDを読み取り、登録された売買電予定のデータに従って自動的に充放電を行う。EV利用者が売買電を修正したい場合は、配電網運営者のアプリケーションで売買電データを修正した上で、充放電ステーションのアプリケーションにデータを連動させる。

　売買電が完了すると、売買電の収入ないしは料金が充放電ステーションの利用料金とともにEV利用者に通知される。また、充放電ステーションでは充放電のデータからEVに搭載されている蓄電池の劣化度が判定され、EV利用者に判定結果を通知する。充放電ステーションは配電網運営者につながれており、災害時などの緊急時に配電網運営者は充放電を停止することができる。

　PV所有者向けにもアプリケーションを用意し、PV所有者はそこで自らが所有するPVの仕様、設置状況をなどを登録する。同時に、小売事業者とのPV電力の売買、配電網運営者とのPV電力の情報の取り扱いなどに関する契約をスマートコントラクトで済ませる（図3-10）。PV所有者が電力小売事業者にPV電力の販売を委託している場合、PV所有者はその旨を配電網運営者に通知する。これにより配電網運営者は個々のPVの情報を使って発電量を予測し、PV所有者のPV電力をEVへの充電、需要家への給電などにつなぐことができる。

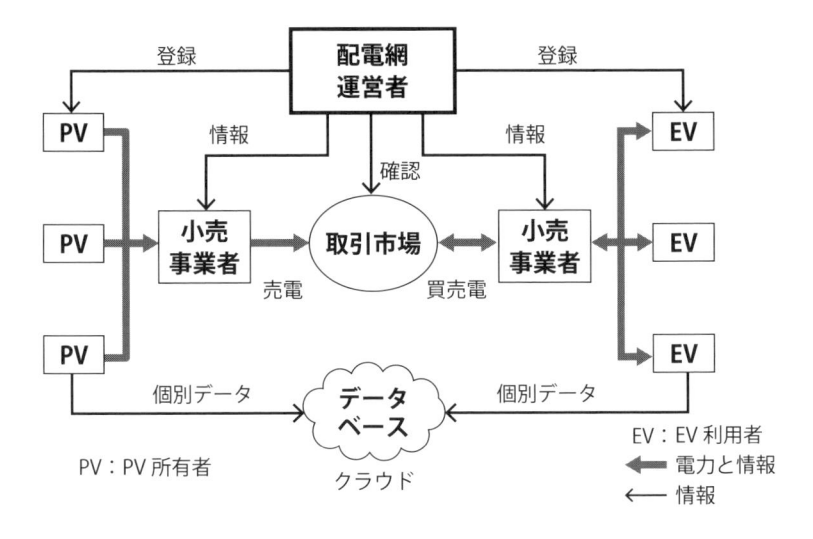

▶ 図3-10　配置網内の小売業者

　PVの電力が売電されると、PV所有者に売電単価、売電量、売電価格が通知される。これらのデータはPV所有者ごとにクラウドのデータベースに収められ、PV所有者は売電実績を確認することができる。データベースでは日照量、日照時間、発電効率なども参照することが可能だ。発電効率が著しく低いなど、PVの性能に異常があると考えられる場合、配電網運営者はPV所有者にアラームを通知する。

　以上のようなシステムを整備すれば、15億kWhというEVとPHVの巨大な蓄電池をエネルギーシステムの安定のために活用することができる。同時に、後述するようなインセンティブの仕組みを作れば、EV所有者、PV所有者に一般の電力販売に比べて高いインセンティブを与えることができる。現在、自動車産業ではCASE（Connected Autonomous Shared & Service Electric）という言葉で表現される、100年に一度と言われる技術革新が進んでいる。上述した仕組みを創ることにより、自動車分野での革新はエネルギーシステムにとっても、100年の電力システムの改革を成功させるカギとなるのである。

リアルタイムで需給をマッチングさせなくてはいけない電力事業にとって、時間軸の制約をなくすための技術は長年の夢である。そのための最もわかりやすい技術が蓄電池であり、電力事業の中では賄えない膨大な量の蓄電池を提供してくれる産業分野の革新的商品として、EVやPHVがある。

PV2サーマルのポテンシャル

　電力事業をリアルタイムの頸木から解放するための技術は蓄電池だけではない。電力を他のエネルギーに転換する技術を上手く使うことができれば、蓄電池と同じ役割を期待することができる。電気の力を水の位置エネルギーに転換するのは揚水発電だが、前述した通り電力の系統システムにおける構造上の課題がある。電力をはずみ車の運動エネルギーや空気などの圧縮力に転換するための技術もあるが、そのための設備が必要となる。いずれについても、新たな設備を作るとなると、新たに蓄電池を整備するよりコストがかかる可能性もある。

　電力事業をリアルタイム需給調整の頸木から解放するためには、エネルギーの貯留後の電力転換が容易で経済的な手法を見出さなくてはならない。EVやPHVが魅力的なのは、そもそも電力システムのために投資された訳ではない技術を活用する点にある。そうした観点で提案したいのは、既存のアセットを使った熱エネルギーの活用である。社会の中では、電力が様々な冷熱、温熱に転換されている。リアルタイムの需給マッチングから逃れるという意味でポイントになるのは、電気を熱に転換する技術が使われている設備、施設で第一に重要なのは、冷熱、温熱のためにエネルギーを供給し続けることではなく、特定の温度帯の中に冷熱、温熱を維持することである点だ。

　例えば、冷蔵庫は断熱層に囲まれた冷蔵空間の温度を一定の範囲内に収めるためにコンプレッサーで冷熱を送り続けているが、コンプレッサーが常に一定の速度で回転している訳ではない。インバーター技術や最近ではAIを使い、冷蔵庫内の温度を保ちながら、最も効率的にコンプレッサーを運転している。重要なのは、これらの技術が、電力単価と電源のCO_2排出量が一定、という前提の下で使われてきたことである。変動の大きな太陽光発電、

風力発電がエネルギーミックスの中核になると、単価一定という想定の下で消費エネルギーの効率性を高めることが、エネルギーシステムとして必ずしもベストとは言えないようになる。

　現状の電力単価は電力システムの安定した運営への貢献が十分に評価されていない。ここまで述べたように、太陽光のような変動が激しい再生可能エネルギーを大量に導入するためには、貢献度を評価する仕組みが必要だ。冷蔵庫について言えば、1人ひとりの消費者にとっては電気代が安くなることが第一なので、消費者の経済的なメリットと電力システムの安定への貢献をリンクさせるような仕組みを作るべきだ。

冷蔵庫によるPVピーク電力の吸収

　まずは、そのためのシステムを考えよう。冷熱、温熱への電力投入のように、設定温度の確保というアウトプットと電力投入というインプットの間で時間的な融通が利く設備では、電力システムの安定に資するように電力消費をある程度誘導することが可能だ。冷蔵庫を例にすると、具体的には以下のようなプロセスになる。

➤EVと同じように、配電網事業者から冷蔵庫所有者に対して、PVの発電量と電力単価、インセンティブの予想を通知する。

➤冷蔵庫には前項の通知を受信するための機器と通知をもとに、コンプレッサーの最適な運転を計画するプログラムがインプットされたチップを取り付ける。

➤前項のプログラムにおいては、PV電力がピークとなる時間の前後でコンプレッサーを回転数を落とし、ピーク時間にコンプレッサーが集中的に運転するようなロジックを設定する。

➤こうしたプログラムにより、ピーク時間にシフトした電力量を所有者のスマートフォンに通知する。スマートフォン側では、送られてきたデータを熱融通用のアプリケーションで受け取り、配電網運営者から送られてきたインセンティブ・プログラムに基づいてインセンティブを算定し、そのデータを保管する。

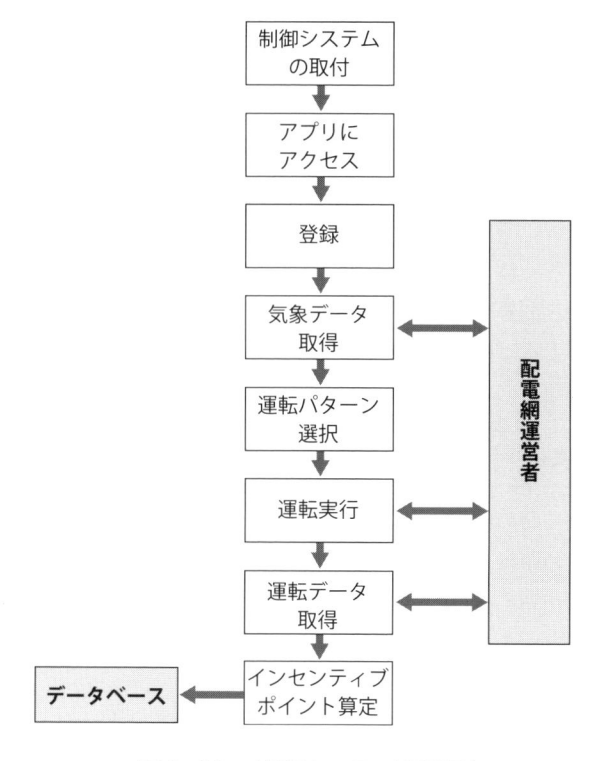

▶図3-11　冷蔵庫のPV追随運転

➤冷蔵庫所有者はスマートフォン上のインセンティブデータを確認し、冷
　蔵庫の状況を応じて、より積極的なあるいは保守的な運転プログラムを
　選択することができる。

　こうしたプロセスを全国の冷蔵庫に適用したことを想定する。その上で、
平均的な冷蔵庫の消費電量を0.3kWとして日本の約5,000万世帯が1台ずつ
冷蔵庫を保有していたとし、ピーク電力時のフル稼働に応じることで稼働率
が平均で30%高まったとすると、約450万kWのPVピーク電力を吸収する
ことができる。冷蔵庫は、配電網運営者の呼びかけに応じるシステムを備え
ていれば自動的に稼働率調整するので、適切なシステムさえあればピーク電
力の吸収に参加する率は高くなる（図3-11）。

PV2サーマルのバラエティ

　この他にも、熱の貯留機能を使ってPV電力の変動をシフトできるアセットはある。

　日本では600万台の家庭用給湯ヒートポンプが販売されている。その平均的な消費電力量を1.5kWとすると、約900万kWのPVピーク電力を吸収することができる。給湯ヒートポンプはもともと電力料金の安い時間にお湯を作るように設定されているので、インセンティブのプログラムさえあればピーク電力の吸収に応じやすい。

　冷蔵庫は業務用にも300万台程度の設備がある。その平均的な消費電力量を500Wとして、PVの発電ピーク時間に稼働率が20％高まったとすると、75万kWのピーク電力を吸収することができる。

　コンピューターの台数や規模の拡大、あるいはクラウドコンピューティングの普及で需要が増しているデータセンターは、日本中に延床面で220万m^2の規模がある。平均的な消費電力量を0.75kW/m^2とし、PVのピーク発電時間内に稼働率を20％上げることができたとすると、約30万kWのピーク電力を吸収することができる。

　以上を足し合わせると、ピーク電力の吸収力は1,500万kWとなる。上述したPVのピーク発電量の15％程度に相当する容量だ。PVの発電ピークの吸収率の目標を30％とすれば、半分程度に及ぶ規模だ。この他にも、PVの発電ピークが高い場合は、空調需要も大きいから空調での吸収も期待できる。

　冷蔵庫、冷凍庫、冷房とは異なるが、電気を使って大量の熱を作り出しているという意味では、工業用の炉も電力システムから見ると同じ機能を持っている。日本全体の工業炉の規模は500万kW程度と想定できる。設備稼働率は60％と想定されるので、PVの発電ピーク時に生産量を集中しやすい状況にある。仮に、この時間帯に設備をフル稼働させたとすると設備規模の40％、約250kW程度のピーク電力を吸収できる可能性がある。工業炉は民生用の電力需要の多くがつながる6,600Vの配電網の外側につながれていることが多いと考えられるが、十分な需要のない配電網の需要を補完したり、メガソーラーのピーク電力を吸収したりすることは期待できる。

熱需要によるPVのピーク電力の吸収量は規模的にはEVより劣るが、EVのように走行スケジュールの都合に制約されることがないし、実際に使える容量の割合も高い。業務用の設備、施設は経済的にメリットがある場合、それを享受しようとする割合は高くなるので、見た目より期待できる容量は大きくなる。産業用の需要は、今後企業が気候変動対策に応じることがますます求められることを考えると、上手くインセンティブ付けを行えば、呼びかけに応じる割合は高まっていくはずだ。

　もう1つ重要なのは時間軸だ。ここで想定した数字では、PVの発電ピークは外・内燃機関型の発電事業を圧迫するのに十分なほど巨大であり、EVとPHVの蓄電池容量はそれを吸収するのに十分な規模を持ち、熱需要の吸収力は補完的な位置づけであるように見える。しかし、現状のPVの設備規模はここで想定している規模の3分の1程度であり、EVとPHVで想定している規模は現状よりも1ケタ大きい。これに対して、熱需要の容量は現状の規模を前提に算出している。現状のPVであれば、熱需要で十分にピークの発電量を吸収することができる。

　これは、本書で示すPV電力の吸収の仕組みを作るには、これからかなりのスピードで整備されるPVとそれ以上のスピードで普及することが期待されているEV、PHVの容量をどのように合わせていくかが問われていることを意味している。予測が難しい新しい設備の普及に、新しい仕組みを合わせていくのは簡単なことではない。そうであるなら、まずは実在している熱需要をベースにPV電力の調整メカニズムを作り、その間にEV、PHVとのマッチングの実証を行い、EV、PHVの普及に合わせてPV2サーマルのシステムに重ねていく、というプロセスを取ることが賢明である。つまり、熱需要はSDGの立ち上げの基盤となり、EVやPHVは発展の次世代型社会資源になる、という構図である（図3-12）。

VPPとの違い

　ここで述べたPV電力の変動吸収のためのシステムは、広いエリアに分散した電源と需要をマッチングするという意味において、VPP（Virtual Power Plant）と同様の役割を果たすが異なる点が2つある。

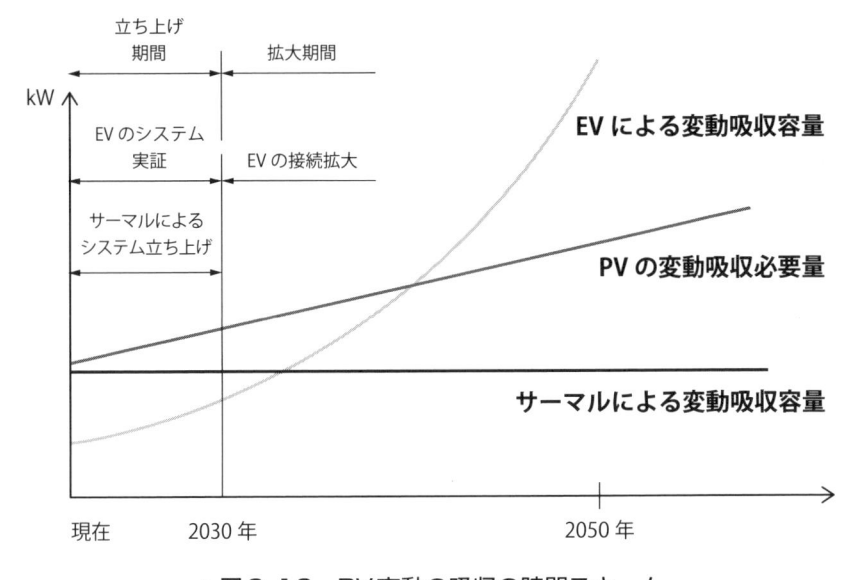

▶ 図3-12　PV変動の吸収の時間スキーム

　1つは、インフラであるということだ。VPPは、特定の事業者が再生可能エネルギーなどの変動を吸収するための調整機能を提供することを想定している。そこで作られた調整機能が、日本でもこれから整備される調整市場で取引されることになる。これに対して、本書で提示しているシステムはPVの変動に焦点を当て、それを吸収できるアセットに集中して当該アセットに制御機能を備えさせ、自動ないしは半自動で多数と多数のマッチングを行うことを想定している。

　ここで、自動とは、例えば気候変動の信号に合わせてコンプレッサーを稼働調整する冷蔵庫のことである。また半自動とは、例えばEVを調整に供する際にほとんどのシステムが自動化されているものの、EVを充放電設備に接続する際は利用者に接続を促すためのインセンティブシステムを介するという意味である。将来、人間の心理への作用も含めてシステム化と捉えられるようになれば、これも自動の範疇に入る。

　こうしたシステムを配電網に対して提供する事業者をVPPと捉えることもできるし、マッチング機能を備えた配電網運営と捉えることもできる。

　もう1つは、オフラインを含めたシステムであるということだ。ここで述

べたシステムは将来、エネルギーの脱炭素を実現するときの最大のエネルギー源はPVであり、PVの変動を電力システムの中だけで吸収するのは不可能か非常に非効率である、という考え方に基づく。そこで近い将来、既存のエネルギー産業の規模では到底整備することができない容量の蓄電池を保有することになる自動車産業の力を借りよう、というのである。

EVもエネルギー事業者から見れば需要であることに変わりはないが、常時配電網につながれており、エネルギー政策の対象であったこれまでの需要とは大きく異なる。VPPが特定の発電機や需要を集中的に管理するのに対して、ここで述べたシステムは、登録はされているものの不特定とも言える多くの発電設備と需要を高密度にネットワークし、インセンティブシステムによって自律性を持たせている。さらに、いつ、どこで充電するかが自由であることは自動車の本質的な価値のために欠かせない要件であるから、送電網への接続は利用者の自由意思に依らなくてはならない。今までとは概念の異なるアセットを、いかに協調するかを表現したのが、本書で述べるシステムと言うことができる。

エネルギー産業に求められる新しいポジション

EVとPHVの蓄電池、冷蔵庫や産業向け施設の熱需要によるPVのピーク電力の吸収力は、日本中にルーフトップPVを敷設した際のピーク電力を吸収するのに十分な容量がある。こうした仕組みを使えば、エネルギーシステムだけの負担で蓄電池の巨額の投資を行ったり、外・内燃機発電事業の収益を過剰に圧迫したりせず、大量の再生可能エネルギーを導入することができる。結果として国民に大きな負担を課すこともなくなる。このような想定が可能になった背景には、蓄電池、AI/IoTなど産業分野を超えた革新技術の進化がある。多くの産業に共通で使える技術が増え、それが技術革新の中心となっている、という技術トレンドの核心を成すコンセプトである。

こうした技術革新の動向を見ることなく、従前の分野縦割り型の投資、資産利用を行う産業は顧客に割高な料金を求めざるを得なくなり、顧客はいずれ代替手段を求めることになるだろう。これは、電力という産業が電力会社を頂点とするピラミッド構造の下に企業を従え、材料や資源を調達するとい

う従来の構造から、自らは顧客に向けた窓口となり、分野横断的に技術や資産を調達しサービスを提供する、という構造への転換が求められていることを意味している。プラットフォームはIT企業が顧客の窓口となり、市場の資源をネットワークするビジネスモデルだが、技術革新により同じ構造がインフラのような産業にも及びつつあると考えることもできる。日本のエネルギー産業にも、革新技術の流れを受け入れて効率的で付加価値の高いビジネスを目指すか、旧来型のビジネスモデルの下で割高なサービスを提供するか、の選択が問われている。

PV2EV＆サーマルのためのインセンティブ

　エネルギー以外の分野にも広く分散した資産を活用するためには、適切なインセンティブ設計が欠かせない。PVのピーク電力が発生する時間に需要家を誘導するための手段として第一に挙げられるのは、ダイナミックプライシングだろう。しかし、本書が提案している仕組みをダイナミックプライシングに依存させるのは2つの観点から適切とは言えない。

　1つ目は、PV所有者かEV利用者のインセンティブを減じてしまうからである。EV利用者がPV発電量の予測と自らのスケジュールを照合してEVの利用時間を決めるのは、それなりに面倒なことである。そのインセンティブを電力価格だけに求めれば、PV電力の単価をかなり下げないといけないだろう。一方で、日本中の住宅、工場などのすべての屋根にPVを普及させるためには、PVの投資意欲を高めなくてはならないから、PVのピーク発電の時間に電力が余るからといって極端に安い価格で売電させることはできない。価格インセンティブだけで、PVとEVの双方にいい顔をするシステムはできないのである。

　2つ目は、効果が期待できないからである。電力のダイナミックプライシングは世界中で行われてきたが、十分な成果が上がっていない例も少なくない。電力自由化でも、単価だけで需要家を新電力に誘導することはできなかった。このように電力単価に対する感度が鈍いのは、多くの場合、電力は第一義的なコストではないからである。家庭でこまめに電気を消せば電力料金は減る。しかし、それによる経済効果は、他で一度無駄遣いをすれば帳消

しになってしまう程度だ。一方で、手間は確実にかかる。生産現場でダイナミックプライシングの感度が低いのは、調整の手間をかけて調整により起こり得るリスクを負うことが、ダイナミックプライシングに応じて得られる経済的な効果に見合わないからだ。

　これに対して、旅行業界では飛行機代、宿泊代に当たり前のようにダイナミックプライシングが用いられ、成果を上げている。旅行業界でダイナミックプライシングが成果を上げているのは、旅行という目的を達成するためのコストの中で飛行機代や宿泊費の占める割合が大きく、かつ価格の変動幅が大きいからだ。これに対して、例えば特定の産業を除くと、工場の生産コストの中で電気代が占める割合は極めて限られている。それを削るために生産者が過度にストレスを感じたり、設備を調整して生産にリスクをかけるのは割りが合わないのだ。

　家計の中で電気代の占める割合は、工場よりは大きい。しかし、電気をこまめに消すのは手間がかかるし、それだけの手間をかけるならネットショッピングで少しでも安い買い物をした方が効率的だ。しかも、エネルギーのダイナミックプライシングによる価格の変動幅は大きくない。燃料を使う火力発電は燃料の費用があるため、限界コストが相対的に高い。そこで限界コストが低い再生可能エネルギーでは、価格を無理に下げるようなダイナミックプライシングを行うと、燃料を使う発電事業の収益を圧迫したり、再エネ投資の原資が減ったりするなどの問題が生じる。

PVインセンティブポイント

　多少の手間をかけて価格の安いものを調達するダイナミックプライシングに対して、何らかの便益を付与する方法もある。日本政府はキャッシュレスの手続きを普及するために、ポイントを付与する政策を選択した。いわゆるポイント還元制度は、当初の予想を上回るペースで普及しているとされる。民間企業がキャッシュレスのシステムを競って提供していることもあるが、何らかが付与されるという仕組みの心理的な効果もあるのではないか。同じような効果で、年度末には税金の還付を受けるために、多くの人が資料を用意して税務署に列を作る。電力料金という金額として変動幅も限られた資金

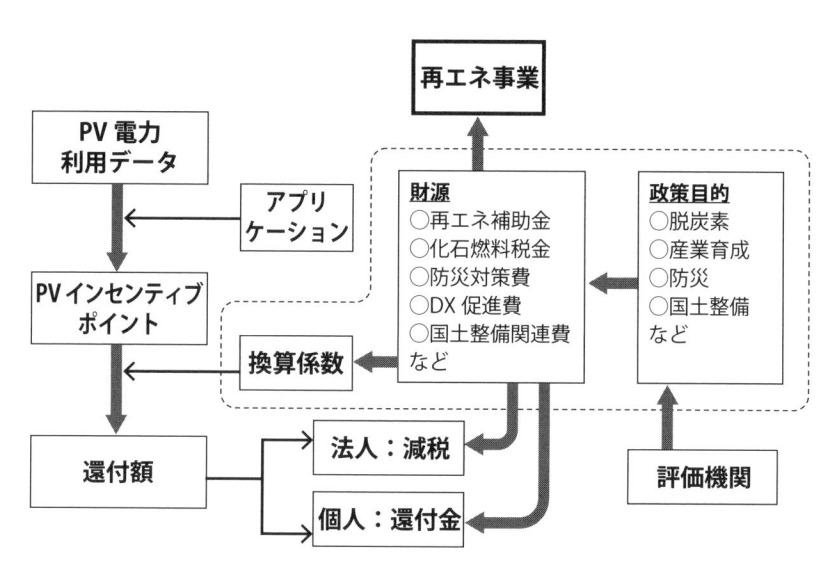

▶ 図3-13　PVインセンティブポイントの仕組み

を原資にするのでなく、自由度の高いポイントを付与する仕組みを取り込むことでPV電力利用のモチベーションを高められないだろうか。具体的には、以下のような仕組みだ（**図3-13**）。

　配電網運営者からEV利用者、家電の所有者、企業の設備管理者などにPVの発電予測データとともに、吸収を期待するPV電力の供給時間を通知する。EV利用者は通知を見てEVの走行や充放電のスケジュールを決め、企業の設備管理者は設備の運転時間をプログラムする。また、家電については所有者がスマートフォンで受けた通知を家電に飛ばすと、自動的に運転がプログラムされる。こうして設定された時間内にPV電力を受電すると、それぞれ機器、設備に取り付けられたチップに受電時間、受電量のデータが記憶される。これをPVインセンティブポイントとして保有する。

　PVインセンティブポイントはチップ内に累積され、機器、設備の所有者は随時、累積実績を確認することができる。そこで、累積ペースが遅いと思えば受電時間を長くしたり、PV発電のピーク時間内の稼働を高めたりする。PVインセンティブポイントには2つのインセンティブを付与する。

1つは、税金還付である。個人は確定申告時、企業は決算時にPVインセンティブポイントの累値を金額換算して、税額控除を受けることができるようにする。PVインセンティブポイントから金額に換算するインセンティブ係数は、年度当初に政府が配電網運営を通じて通知し、政府広報でも公開する。

　もう1つは、再エネ貢献ポイントとして公表できることである。企業はPVインセンティブポイントを累積してESG活動の成果の一環として公表することができるようにする。同時に政府はPVインセンティブポイントを通じたPV電力の売買が電力システムの安定、再生可能エネルギーの導入拡大、蓄電池や送電網強化に関するコスト削減などに、どのように貢献したかを広報活動を通じて説明する。

　このうち、税金還付のための原資は、EVや再生可能エネルギー普及のための予算、省エネ設備の普及のための予算、あるいは国土保全のための予算など、本システムによって便益を受ける多くの分野から集める。ここまで述べたように再生可能エネルギーの変動を効率的に抑えるには、複数の分野のアセットとの連動が必要だ。その分、再生可能エネルギー導入はいろいろな分野に寄与するため、関係する分野への寄与度をバランス良く導入促進策に反映することが必要になる。

　そのための仕組みづくりに資金がかかるのは当然だが、電力需要家だけに負担を求めるのはバランスを欠く。したがって、電源ごとにプレミアムを設定し、全需要家に賦課金を課すという現状のFITはいったん解消する。従前からの補助金もFITに代わる1つの方法だが、その原資は税金だ。ITの飛躍的な進化を取り込むのなら、再生可能エネルギー導入の負担と貢献をより緻密に配分する仕組みが作られるべきだ。

国民参加型のインセンティブ構造

　FITの1つの問題は、賦課金と買取単価のバランスをよほど上手く取らないと、電力の需要家の負担によって作られた買取単価による利益が再生可能エネルギーの投資家に偏ってしまうことだ。日本のFITの発足当時は、このバランスが最悪なレベルで崩れた。投資サイドに煽られ国際価格の2倍も

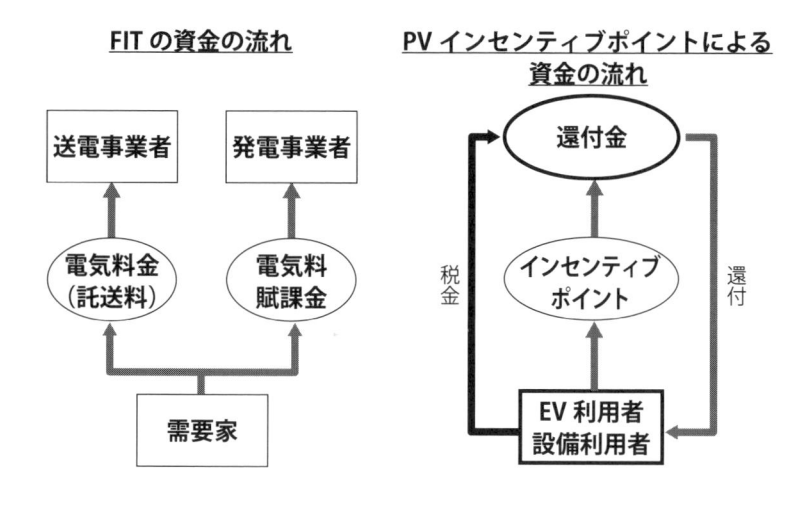

▶ 図3-14　FITとPVインセンティブポイント

の単価が設定された上、集中整備期間という数十年の計で見るべきエネルギーシステムの世界で意味のない目標が掲げられた。その結果、1990年ごろの土地バブルの時代のようなPVの事業権転がしが横行し、一部の事業者が不当な利益を享受した。

　現代生活に電力が欠かせないことを考えると、電力料金は税金と同じく逃れようのない国民の負担だ。その意味で、過剰な賦課金は東日本大震災で被災された方々にも課された。社会的な公正さの観点から、問題のある資金の流れができてしまったのである。再生可能エネルギーへの投資はESG投資の1つでもある。確かに、FIT開始当初の再生可能エネルギーの投資もEnvironmentでは貢献したが、Social の観点を失っていたのだ。このような形でFITがスタートしてしまったことは日本としての大きな反省だ。

　本書で述べている仕組みは、できるだけ多くの人がエネルギーシステムづくりに参加し、できるだけ多くの人がそのリターンを得ることを重要な観点としている。ルーフトップPVを所有する個人、EVを利用する人、PV利用のためのチップを搭載した冷蔵庫を持つ家庭、冷凍・冷蔵施設を所有する事業者、電炉などを持つ事業者などがエネルギーシステム作りに参加し、PVインセンティブポイントとして還元を受けることができる（図3-14）。電力

料金だけを原資とする仕組みだとバランスの制御に限界があるが、ポイント制にすれば多様な形で負担のバランスを作ることができる。こうした国民参加型の構造を目指しているのが、ここで示すエネルギーシステムである。

SDGというオープンなネットワーク

このシステムを構築するために欠かせないのは、多くの参加者をつなぐオープンなデジタルネットワークである。そこで以降、当該ネットワークをSDG（Solar Digital Grid）と呼ぶことにする。

SDGへの参加者はSDGの運用者に電力の供給者、需要者としての素養を知らせる必要がある。エネルギーシステムとしての信頼性を担保するために、SDGの運用者がシステムの能力を把握しておかないといけないからだ。したがって、前述したようにPV所有者はPVの仕様、設置状況、設置年次などの情報を提示する。

これらの情報はメーカーないしはメーカーから権限を付与された設置事業者がPVにインプットし、PV所有者が確認した上で自動的にインプットされるようにする。メーカーによってはPV所有者の同意を得て、発電データがインプットされたポートから情報をもらって、メンテナンスサービスなどを提案することもできる。PVの基本情報がインプットされたところで、PV電力の取引が行われて、取引と発電のトラックレコードが蓄積され、稼働状況が分析され、それらのデータも蓄積される。並行して、PVインセンティブポイントが計算される。PV所有者のこうしたデータは、所有者のIDを付してクラウド上に保管される。

EV利用者は搭載された蓄電池を含むEVの仕様、購入年次などの情報を提示する。PVと同様、これらの情報はメーカーないしはメーカーから権限を付与された設置事業者がEVにインプットし、EV所有者が確認の上自動的にインプットされるようにする。メーカーなどがメンテナンスサービスを提案できることもPVと同様だ。EVについても買電、売電のトラックレコードが蓄積され、稼働状況が分析されデータが蓄積される。並行してPVインセンティブポイントも計算され、所有者のIDを付してクラウド上にデータが保管される。

　冷蔵庫については、メーカーないしはメーカーから権限を付与された事業者がコンプレッサーを含む冷蔵庫の仕様、購入年次などの情報をチップにインプットする。メーカーは所有者の同意を得て、蓄積されたデータにアクセスする。冷蔵庫についても買電のトラックレコードが蓄積されて、PVインセンティブポイントが計算、分析されIDを付してクラウド上に保管される。

　業務用の冷蔵庫、冷凍庫を所有する事業者、あるいは電炉事業者は自らの設備、機器の容量に関するデータをインプットする。個人所有の設備、機器と同様、買電のトラックレコードと分析データ、所定の手続きで算定されたPVインセンティブポイントが事業者のIDを付してクラウド上に保管される。こうして様々なステークホルダーがSDGに参加することで、多くの人、事業者が貢献し合い、メリットを享受できる社会的な仕組みが生まれる。

ブロックチェーンによる信頼性の担保

　PVからEV、EVから需要家への電力の移動はEV利用者に提供されたプログラム、PV所有者に提供されるプログラム、あるいは小売事業者のマッチングシステムなどを介して行われるので、PV所有者、EV利用者は小売事業者との間で、包括的な契約の下に個別の取引が自動的に処理される自動販売契約を締結しておく必要がある。その際、無数のPV、EV、熱利用設備から出し入れされる細切れに分割されたエネルギーのロットがやり取りされるので、配電網レベルで考えると取引の数は膨大なものになる。また、PVインセンティブポイントはEV利用者やPV所有者に対して付与されるので、PV電力の取引に際してはPVやEVを特定しそれぞれの属性を管理することが必要となる。

　これらを集中的に管理しようとすると大規模なデータベースや処理システム、運用体制が必要になるため、ブロックチェーンの仕組みを導入する。これまでも、電力売買の自動取引システムではブロックチェーンが活用されている。本システムは発電と蓄電、さらには、複数回の充電から蓄電という複雑な経路をたどる取引の履歴を管理するために、ブロックチェーンを本格的に導入することが必要になる。

具体的には、すべての電力の取引単位に台帳を設け、PVからEV、EVから配電網への電力のやり取りの際にトランザクションを記載し、それをブロックチェーンの中で確認した上で取引が成立することとする。トランザクションの中ではPVやEVの属性が書き込まれた後、電力の取引の時間、kW、kWh、売買を扱った小売事業者の属性が自動的に書き込まれる。EVの場合は充放電を行ったEVステーションの属性も記録される。また、PVインセンティブポイントとの整合性を確認するために、配電網運営者から通知された充放電要請の時間についても記録される。こうした内容を記されたトランザクションがブロックチェーンの中で確認された上で、自動販売契約に基づいてスマートコントラクトにより取引が自動的に決済される（図3-15）。

　PVインセンティブポイントは、配電網運営者から提供されたアプリケーションにより算定されるが、ブロックチェーン上のトランザクションが確認された上で、PV所有者、EV利用者の属性ごとに合算されるようにする。その上で、年度末にトランザクションが確認されたデータに基づいて、個人は確定申告、企業は税制優遇の申告を行う。個人は収入や生活環境などの情報を加味して還付額を、企業は収入、経費などを勘案した上で税の減額を申請することになる。

　還付額を算定するためには、PVインセンティブポイントと政府が毎期提示する換算値を掛け合わさなくてはならないが、オフラインでPVインセンティブポイントを転記し、換算値を掛け合わせるのは行政側にとっても納税者にとって大きな負担である。そこで、ブロックチェーンの中で確認されたPVインセンティブポイントの合算額は、納税者は属性のIDを示せば、e-TAXのシステムから自動的に引き出せるようにする。

　上述したような手順で、小口、大量の取引が行われるたびに託送料金がかかると、料金を払う側にとっても要求する側にとっても負担になる。そこで、配電網内での取引については、一定期間内のkWhに応じて一定額を支払うなど負担を軽減するための措置が必要になる。ブロックチェーンの中で取引データを記録しておけば、配電網というインフラを維持するための、インフラの利用者がどのようにコストを負担すればいいかを議論することができる。もちろん、事前に十分な検討を行うことも必要だが、SDGという新

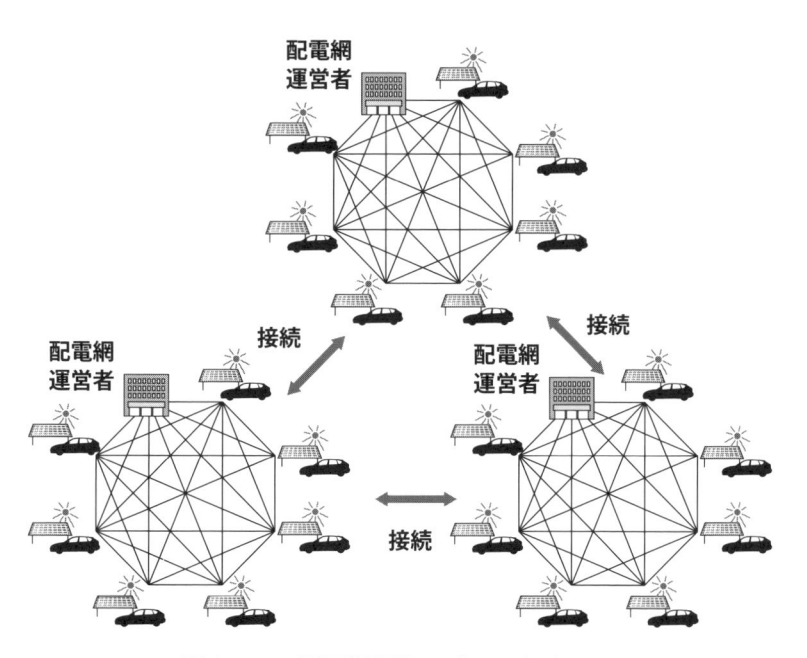

▶ 図3-15　配電網単位のブロックチェーン

しいシステム創り上げていくためには、取引のルールを現実に即して柔軟に見直していくことができる仕組みづくりも重要だ。ブロックチェーン上のデータのやり取りはそうした柔軟な仕組みづくりにも役立つ。

エネルギー超分散と高密度デジタルネットワーク

　これまでのエネルギーシステムでは、電力を送る送配電に沿って情報のやり取りや決済が行われていた。これがPVや風力発電の変動調整の負担をエネルギーシステムに集中させることにつながった。再生可能エネルギーの比率が過半を占めるようなエネルギーシステムで、再エネの変動をエネルギーシステムの中だけで処理しようとすると、巨大な容量の蓄電池、高度な送配電を可能とする送配電網インフラや集中制御システム、などへの巨額の投資が必要となる。脱炭素時代には、こうした再生可能エネルギーの変動を吸収するための負担に対してエネルギーシステムの経済的なキャパシティが十分

でなくなる可能性がある。そこで、情報のやり取りや決済のネットワークを
エネルギーシステムの外にも広げ、ステークホルダーを増やし、インセン
ティブプログラムやブロックチェーンを使って多くのアセットを活用しよ
う、というのがSDGのコンセプトである。

　発送電システムの外部に目を転じると、PVの変動を吸収するのに十分な
容量の蓄電池、冷熱温熱設備が存在しており、それは物理的にエネルギー網
と接続しデジタルネットワークで結ぶことができる。これまで、エネルギー
の世界では独自の技術やシステムが開発された。しかし、ITや蓄電池を含
む技術革新の波は分野、業界の壁を超えて技術の汎用化を進めている。リチ
ウムイオン蓄電池はエネルギーシステムを含むあらゆる分野で使われるよう
になり、エネルギーシステムの制御でもオープン技術が使われるようにな
り、あらゆる情報がインターネットで接続されるようになった。リチウムイ
オン電池の後には固体電池なども実用化されるだろう。ブロックチェーンは
分散したステークホルダーを管理するための汎用的なシステムとなるだろ
う。分野、業界を超えた革新技術への投資は巨額であり、特定の分野の投資
で対抗できるものではない。できるとしたら、圧倒的な資金力を持つIT産
業くらいだ。そして、エネルギーの脱炭素化は気候変動問題により、エネル
ギーだけでなくすべての分野、業界の共通のテーマとなった。

　世の中のこうした流れを捉えるのなら、エネルギーシステムの脱炭素化、
安定化、効率化などのために、エネルギー以外の分野のアセットをつなぎ、
技術を取り込み、情報ネットワークで結ぼうとするのは必然の方向と言え
る。それが、SDGの背景にあるトレンドである。それを電源や変動吸収の
ためのアセットの視点で見ると、これまでの分散型エネルギーの概念よりさ
らに小型で広がりのある、いわば超分散であり、電力や情報のやり取り、決
済の視点で見ると、個人あるいは個人が有する機器まで分野を超えて結ぶ高
密度で広範囲なデジタルネットワークなのである。

エネルギー業界にDXトレンドを

　SDGのデジタルネットワークの末端では、無数の機器、設備がIDと固有
情報と制御機能を持ち、クラウド上のデータやアプリケーションとつなが

り、一種のロボティクス機能を備える。それぞれが発電、充放電の意思を持ち、互いに干渉し合って広大な系を形成していくという意味で、システム制御の意味でもSDGはエッジ＆ネットワークの超分散モデルである。もちろん、配電網運営者の中央管理の機能は必須だが、これまでのように中央からすべてをコントロールするというより、ネットワークの先端にいる無数のエッジ・コンピューテッド・エナジーリソース（Edge Computed Energy Resources）が上手く機能するように、システムパッケージ、気象情報、インセンティブプログラム、売買電マッチングなどのツールや場を提供する、というポジションに変わっていくことになる。

　10年前であれば、これだけのエッジコンピューティング機能や超分散、高密度なネットワークの運営を実現することはできなかっただろう。しかし、昨今のIoT、通信、コンピューター処理、AI技術の飛躍的な進歩がそれを可能にした。近い将来、5G、6Gの時代となって通信スピードは飛躍的に上がり、コンピューターの処理能力は上述したスケジュールで一層高まり、精密デバイスの発達でエッジ機能はますます進化する。

　SDGのコンセプトを詳細化し、実証をしている間に、ここに示したシステムを実現するための技術的なハードルはほとんどなくなるだろう。それどころか、より進化したモデルの実現を目指すようになっているかもしれない。そのとき、システムがより分散的となり、ネットワークが高密度化する方向に動いていくことは間違いない。エネルギーシステムが中央集権化する方向に流れが逆転することはないのである。分散とネットワークの高密度化はエネルギーの世界でも不可逆な流れとなっている。

　近年、技術革新の流れによって様々な業界の構造が大きく変わっている。自動車業界ですらCASE（Connected Autonomous Share Electrical）により大転換を迫られている。その流れを受け入れようとしない自動車会社は世界中に一社もおらず、流れを取り込めた企業とそうでない企業の優勝劣敗が明らかになりつつある。個々の企業ももちろんのこと、国においても革新技術の取り込み方の巧拙によって大きな差が出ることになるだろう。

　エネルギー業界でも同じことが起こる。例えば、SDGのような超分散・高密度ネットワークを活用せずに既存の技術体系にこだわり、再生可能エネルギーを大量に使用する国は膨大な量の蓄電池に投資せざるを得なくなり、

一方でEVやPHVの蓄電池の低稼働が放置されることになる。それにより、社会の基盤であるエネルギーシステムと最大級の産業基盤である自動車が割高になるから、国力にも影響が出てくる。SDGは単に再生可能エネルギーの導入ビジョンであるだけでなく、エネルギー業界にAI/IoT、蓄電池などの技術革新の流れをダイナミックに取り込む、産業とインフラの**Digital Transformation**（**DX**）モデルなのである。

日本の面目躍如となるSDG

　SDGによってエネルギーの世界にDXの流れをダイナミックに取り込むことは、グローバルな再生可能エネルギー市場で欧州や中国の後塵を拝してきた日本が面目躍如を果たすための戦略にもなる。これまで、世界の再生可能エネルギーをリードしてきたのは風力発電である。しかし、何度か述べている通り、風力発電が普及しているエリアには欧州、中国西部、アメリカ中西部など地域的な偏りがある。これらは偏西風地帯にあり、広い平原や遠浅の海が広がる地域である。

　地球上には偏西風と貿易風という2つの大きな風の通り道があり、前者の中に位置し、かつ広域な平原を有する地域で風力発電が発達してきた。その多くは先進国と中国に含まれるが、これからエネルギー需要が急増し、再生可能エネルギーの普及が期待されるのは緯度の低い新興国、途上国である。これらの国々は偏西風や貿易風地域に属さず、広大な平原を有しない場合が多い。一方で、日照が強いことから最も経済性の高い再生可能エネルギーはPVになる可能性が高い。しかし、ここで述べた通りPVは多くの課題を抱えるエネルギーであるため、新興国、途上国が中核的なエネルギーに位置づけるのは容易ではない。そこで日本が先行してSDGを開発すれば、最も成長性の高いエネルギー市場で競争力を持つことができる。

　欧州は、ソ連対策に端を発した広域送電網を活かした再生可能エネルギー戦略で世界をリードしてきた。しかし、今のところSDGのようなDXのトレンドを反映した超分散・高密度のシステムを取り込もうとする動きは見えない。一部の企業、国を除くとDXの重心が太平洋圏に寄っていることもあるが、今後は広域送配電網に大型のウィンドファームを接続するというこれま

での成功モデルが足かせになる可能性もある。

　脱炭素社会を構築するにはいろいろな手段を組み合わせることが必要であり、ある時代に成功したモデルが次の展開の制約になることは十分にあり得る。広域送配電網に大型再エネ電源を連結し広域で平準化を図るモデルが、現段階まで、具体的に言えば再生可能エネルギー比率が4割程度までは有効だったが、同モデルによる平準化機能には限界があることはよく指摘されている。その壁を突破し、将来的には広域モデルを代替し得るのがSDGのような超分散高密度ネットワークモデルと言える。こうした欧州の動向や再エネモデルの将来的な変遷の必要性を踏まえるなら、日本は将来の再エネ大量導入モデルといえる、超分散・高密度ネットワークを世界に先駆けて導入すべきなのである。そうすれば、パリ協定以来の急速な脱炭素化の流れの中で立ち往生している現状を脱し、新たな国際評価を獲得することができる。

　SDGはグローバルな産業戦略としても優れている。変動を吸収できる送配電網、配電網・送電網の制御システム、市場システム、ルーフトップ一体型の建築物、EVとPHV、制御チップ付きの家電や空調機器、インセンティブシステムなどからなる様々なシステムパッケージであるからだ。こうしたシステムを導入するためには、政治、行政、送電会社、発電会社、金融機関、メーカーなどが一体となった取り組みが必要となる。

　海外に行くと、日本が官民の緻密な協調により、利便性の高いインフラを作ってきた国であることがわかる。例えば、複数の交通機関をつなぎ膨大な人数の移動を可能とし、経済的な拠点ともなっているTOD（Terminal or Transit Oriented Development）、あるいは一般廃棄物の分別、収集、リサイクルシステムなどだ。相変わらずの縦割り行政、縦割り業界に留まっている分野もあるが、日本が官民の壁を超えたマルチステークホルダー型のシステム作りに長けている国であることは間違いない。DXの分野で世界的に注目が高まっている中国は、SDGのような超分散・高密度ネットワークを構築するための技術、社会的なモチベーション、実行力を持った国だが、マルチステークホルダー型のプロジェクト運営については、まだまだ日本に一日の長がある。

　エネルギー戦略から見ても、グローバルな産業戦略から見ても、SDGは日本として取り組む意義があるシステムなのである（**図3-16**）。

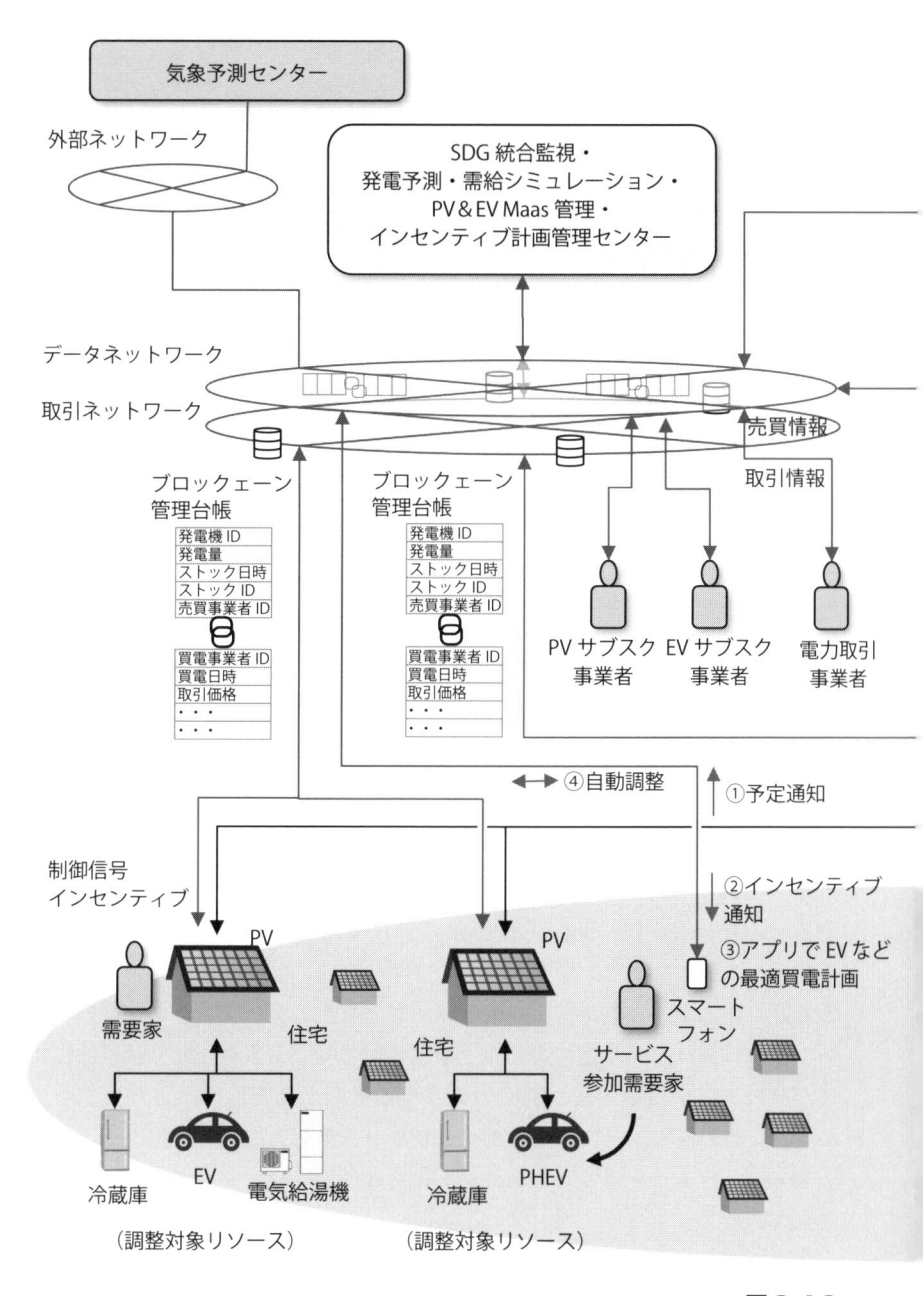

▶図3-16

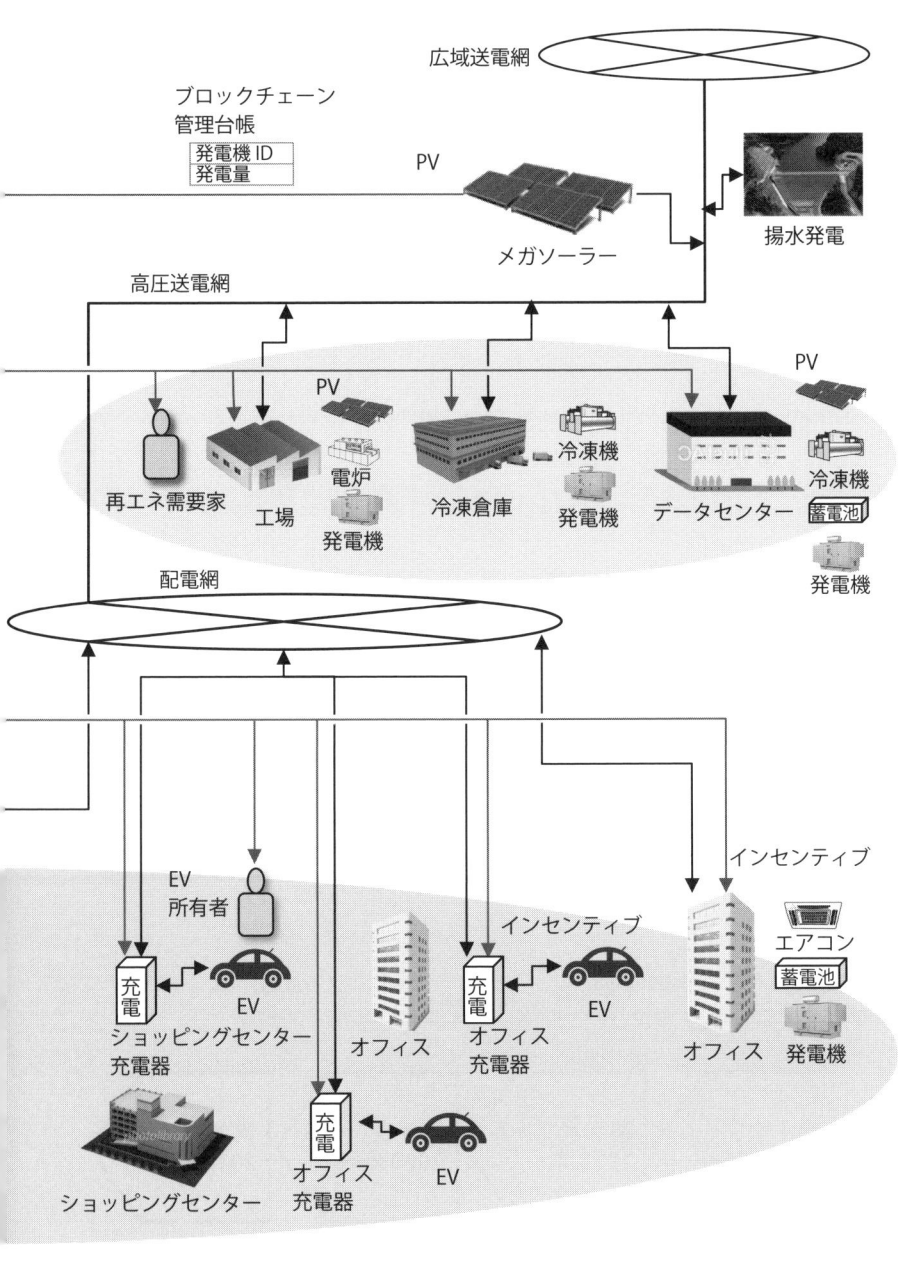

SDGの全体像

SDGとスマートシティ

スマートシティブーム

　最近、スマートシティへの注目が再び高まっている。今回のスマートシティへの注目は第4次ブームとも言える（**図3-17**）。第1次のブームは1990年代前後の複合都市開発の時代だ。ホテル、オフィス、商業施設、マンションなどからなる職住近接かつ賑わいのある高質な都市空間に、熱供給施設など当時として先進的なエネルギー設備が整備された。その流れを受けた集大成と位置づけられるのが、2000年を超えてから完成した六本木ヒルズではないか。第2次ブームは1995年代中盤にインターネットが登場し、デジタル管理された都市が構想され、デジタルシティと呼ばれた時代だ。ここではブームを代表するような都市は建設されなかった。第3次ブームは京都議定書の1997年の合意、2005年の批准などを背景に高まった低炭素都市、エコシティの時代だ。国内でも多数のエコシティが建設された。そして、今回の第4次ブームはデジタルシティの流れにAI/IoTが加わり、実現性を帯びてきたものと捉えることができる。日本ではスーパーシティとも呼ばれてい

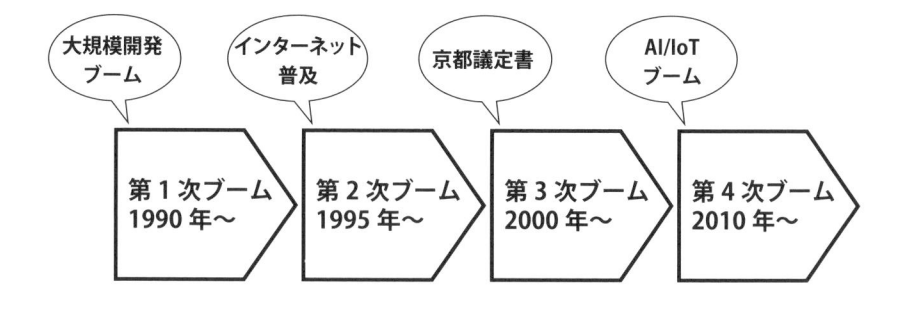

▶ 図3-17　スマートシティの歴史

る。

　このようにスマートシティが何度も注目されるのは、多くの人が鉄腕アトム以来の未来都市をダブらせるからであり、自然と調和したサステイナブルな都市像を求めるからであり、そこが未来型の産業、ビジネスの発信地となるからだろう。

　四半世紀にわたり取り組まれてきたスマートシティだが、脱炭素型のエネルギーシステム、デジタル管理されたインフラ、MaaS（Mobility as a Service）、デジタル化されたサービス、電子行政、分野を超えたデジタルデータの融通・有効利用という機能を完全に備えたスマートシティは、筆者の知る限り世界中どこにも完成していない。すべての機能を備えていないまでも、国内で都市としてスマートシティあるいはタウンとして完成している、あるいは、しつつあるのは六本木ヒルズ、柏の葉、藤沢サステイナブルタウン、日本橋の開発といったところだ。行政単位では、何の機能を持ってスマートシティを整備したとするのかが曖昧なケースがほとんどだ。

　筆者は中国のエコシティの国家的なモデル都市で、最近ではスマートシティとしての整備を進めている中新天津生態城に10年以上関わっている。そこでは、例えば都市管理センターで上下水、道路などのインフラのデータが一面で確認できるようになっている、レベル3の自動運転技術を取り入れ

資料：天津生態城投資開発有限公司ホームページ

▶ 写真3-1　天津生態城公益事業運営維持管理センター

▶ 写真3-2　雄安新区公開区の自動運転バス

たバスが導入されるなど、スマート化に向けた具体的な取り組みが進んでいる（**写真3-1、写真3-2**）。まだまだ整備すべき点はあるが、将来的には上述したスマートシティの要素のほとんどを実現することになるだろう。なぜなら、中国の都市ならではの運営上の必要性と必然性があるからだ。

　例えば、インフラのデジタル管理は、維持管理技術の進歩の結果として確実に実現されるだろう。自動運転については中国は世界で最も進んだ国の1つであり、都市の住民も便利な交通サービスを求めているので、確実に導入されるだろう。電子行政も行政効率化や住民の利便性向上ために（中国では最近生活環境向上のための政策に力が入れられている）も進むだろう。良い悪いは別にして、防犯カメラの整備も進むし、域内の情報を統合した都市の管理も行われるだろう。こうして、恐らく10年もすれば、都市運営の効率化や改善の結果としてスマートシティが形成されるだろう。天津生態城と同じような都市整備は中国各地で進んでいる。

都市のガバナンスとスマートシティ

　中国で必然的にスマートシティの整備が進むのは、都市のガバナンスの範

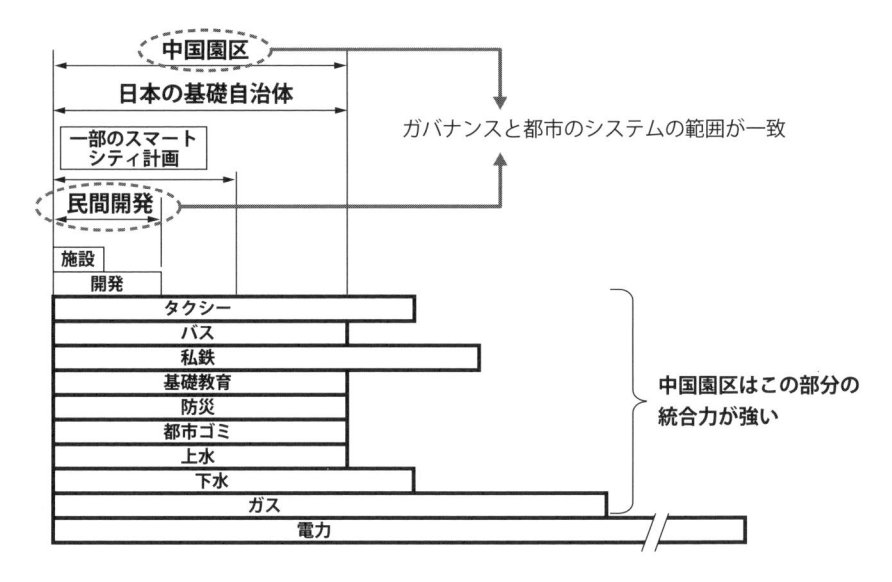

▶ 図3-18　スマートシティのガバナンスの範囲

囲とスマートシティ機能の整備の範囲が一致しているからだ。天津生態城は
管理委員会という天津市配下の行政組織によって整備、運営されている。管
理委員会は域内で多分野のインフラを横通しで整備、管理する責任と権限を
持っている。そうした行政と都市開発の構造の下で、先進的で効率的な都市
を作ろうとすると、今の中国のITの技術力、投資力を持ってすれば必然的
にスマートシティになるということだ（**図3-18**）。

　一方、先に示した日本のスマートシティの先進例は不動産事業者による開
発である。スマート化を図ることが都市としての付加価値を高め、不動産事
業としての採算が取れるとの読みが実現の背景にある。筆者らはスマート化
のための投資が、都市の価値（不動産としての価値）向上により容易に吸収
できることを確認している。もちろん、採算性だけでなく都市開発に対する
理想も背景にあると考えられるが、長期的な都市の付加価値を見定める能力
を持った不動産事業者であるからこそ実現した開発と言える。不動産事業者
による開発でも、開発域内のインフラや情報基盤の整備・運営、これらを
使ったサービスの提供にはかなりの自由度と権限がある。その意味で、都市
のガバナンスとスマート化の範囲が一致している。

これ以外で、ガバナンスとスマート化の範囲が一致している一定規模以上のスマートシティは、あまり聞いたことがない。最近はMaaSへの関心が高く、都市内の一部の地域でMaaSの実験が行われ、スマートシティの一例と取り上げられる場合もあるが、どのような権利構造で民間事業者がシステムを運用しているのか明確でないケースが多い。一部では、システムを運用するIT企業に対して住民が反発しているケースもある。中国では、アリババなどの大手IT企業が都市の交通システムの運用などを手掛けているが、彼らは明確に「市からの委託を受けて」と答える。そこには都市機能の一部を民間事業者に委託する、という一般的なアウトソーシングの理解がある。ガバナンスや権利責任権限の明確でない公共サービスやインフラのスマート化は実証の枠を出ない。

　日本でも上述した不動産企業の事業を除くと、上下水道、電力などのインフラの管轄とスマートシティの範囲が一致している例は見られない。行政権限とスマート化が一致した事業が立ち上がるには、まだ検討が必要な状況と言える。スマートシティではインフラのデジタル管理が重要な要素となるが、日本では上下水道、電力、ガスなどをそれぞれ独立した事業者が運営している。道路については国、都道府県、市町村、個人に権限が分かれている。本格的なスマートシティを立ち上げるには、こうしたインフラの管理者との合意形成が必要になる。その際、スマート化してデータを活用することが、インフラ管理者の業務や彼らが関わる地域の発展にどのような貢献するかを示さないといけない。

スマートシステムの事業スキーム

　スマート化の目的を明確にし、民間企業の技術やノウハウを活かして公共サービスのデータを統合的に運用するためには、民間事業者が主体的に事業に関わりながらも、公益的な立場からデータの活用方法を管理監督できる構造が必要となる。具体的には、自治体の特定のエリアのデータ活用と都市運営を目的とするPPP（Public Private Partnership）事業を立ち上げ、自治体が管轄するインフラについては、自治体が民間事業者にデータ活用に関する制限された権限を付与し、電力、ガス、交通など自治体の権限の範囲を超

えるインフラについては自治体が協調を呼びかけるような事業スキームが考えられる。

　この場合、データ活用に関する地域住民の合意は自治体が取らなくてはならない。いずれにしても、不動産事業者によるスマートシティや中国の園区に比べると手間がかかるのは間違いない。また仮に、自治体と民間事業者の間でデータ運用に権利を設定できたとしても、都市内のデータには個人情報と公共性が含まれるので、公益的なデータに関する権限を民間事業者に委ねるコンセッション事業とすることは容易ではないだろう。

　ガバナンスとともに重要なのは、スマート化のための投資回収のスキームだ。上述したように、不動産事業者は不動産価格のプレミアムでスマート化投資を回収できる。天津生態城のような中国の開発園区は、企業や住宅の誘致によって開発投資を回収しているので基本的に同じ枠組みだ。スマート化によって周辺の開発園区より誘致や投資が進めば、日本の不動産事業型のスマートシティ以上に高い率で投資を回収できるだろう。

　一方、上述したPPPのスキームで自治体がスマートシティの事業を立ち上げた場合、投資回収の構造は複雑になる。データを運用することによって収益を上げることも考えられるが、地域住民に密接に関わるデータの利用には制限がかかる。自治体が地域をスマート化することによるリターンは、地域の付加価値が上がることによる税収などの向上、公共サービスが効率化されることによるコストダウンの2つになる。いずれも、回収の実現が約束される訳ではない、実現したとしても時期が不明確、回収先が自治体内の多くの部門に散らばる、という課題がある。財政力や人材に限りがある自治体としては、リスクのある投資とならざるを得ない。地域のスマート化が自治体の将来にとって欠かせない施策であることに賛同する人は筆者を含め多いと思うが、投資としてどのように成立するかの枠組みを十分に考えないといけない施策でもあるのだ。回収の不確実性の高さを考えると、人口減少やグローバル化で厳しい状況に置かれている日本の自治体のために、国が一定の投資リスクを持つべき事業と言える。かつて、道路、上下水道などのインフラの整備の負担を国が負ったようにである。

Solar-Based-Smart City

スマートシティを事業として立ち上げるための課題を把握したところで、都市や地域づくりから見たSDGの意義を考えてみよう。SDGの基盤は、配電網を単位としたPV電力とデジタル情報のネットワークである。そこで行われることを整理すると以下のようになる。

- ➤PV、EV、家電、業務設備には配電網運営者から送られるデータを取得し、簡単な分析を行う通信機能と集積回路が取り付けられ、独自のIDが設定される。

- ➤配電網運営者は気象情報のデータから域内の気候、太陽光の照度を中期、短期かつ地域単位、PV単位で予測する機能を有する。

- ➤PV所有者は気象予測に応じた発電量、売電収入、PVインセンティブポイントを予測する。その結果、発電量の応じてベストな自家電力消費、買電のサポートしてくれるサービスを求めるようになる。

- ➤EV利用者は気象情報、PV発電量を踏まえた走行、売買電、充放電を計画し、売電収入、買電料金、PVインセンティブポイントを予測する。その結果、走行計画や充放電に合わせたベストな移動計画（どこで買い物をするのが有利かなど）、あるいはEVのシェアの計画をサポートしてくれるサービスを求めるようになる。

- ➤個人は買電、PVインセンティブポイントなどにより、個人としての負担が最も少なくなる機能を持った家電を求めるようになる。同様に、需要家としての事業者も負担が最も少なくなる機能を持った設備を求めるようになる。

- ➤域内では上述したサポートを提供する事業者がサービスを展開し、上述した機能を持つ家電や設備が普及するようになる。家電については、PVインセンティブポイントのために備えられたIT基盤を活かしたインテリジェント機能が付加されるようになる。

- ➤商業施設などは天候データや個人の活動予測に基づいた販売活動、サービスを行うようになる。

- ➤交通機関は天候データや個人の活動予測に基づいたサービス、設備の運用を行うようになる。

　これは正しく、配電網内がスマートシティとしての機能を備えることを意味している。しかも、その行動の原点が自然のエネルギーを最も効率的に使うことにあるのだから、システムや機能がスマートなだけでなく、都市の運営や住民・企業の活動理念もスマートな都市である。スマートシティ内で環境志向の高い活動が行われるように情報提供などを行おう、とする例はあるが、活動が太陽光を最も効率的に使うためのデータに基づいている点で、これまでの取り組みや計画とは次元の違う「スマートさ」である。これから都市が本当の意味で地球環境に親和性の高い存在となっていくために、重要な仕組みと言えるのではないか。SDGでPVの有効利用を考えることが、結果として人間と自然とを近づける都市を創ることにつながるのだ。まさに、「Solar-Based-Smart City」とも言える都市の発展形態だ。

Solar-Based-Smart City での生活

　人の動きが太陽光の照度という自然環境に合わせるようになると、住民を対象とする都市内の様々な活動も自然環境に合わせるようになる。

　例えば、交通機関はPVインセンティブが最も大きくなる晴天の昼間に、できるだけ人の動きをサポートするようになる。その結果、公共交通機関は天候によりダイヤを変更し、タクシーやカーシェアは配車やスタッフの配置を天候に合わせるようになる。自転車のシェアサービスがある場合は、自転車の配置も変えるようになる。そのためには当然、自然環境により域内の人の動きがどのように変わるかを予測するAIが開発される。

　また、交通サービスの利用者はそうしたAIから日常的に情報を受け取ることで、天候により変更されるダイヤを不便を感じずに、Solar-Basedのサービスを自然に受け入れるようになる。天候と運行状況をマッチングするAIができると、当然のように、PVインセンティブを増やしたいと思う人に最も適した移動プラン、移動ルートを提供するAIが登場し、それに応じたサービスが提供されるようになる。PVインセンティブは低くても雨天の際にオンデマンドの交通サービスを利用したい人もいるので、天候予測システムはこのような人たちに対しても利便性の高いサービスを提供するための基盤となる（図3-19）。

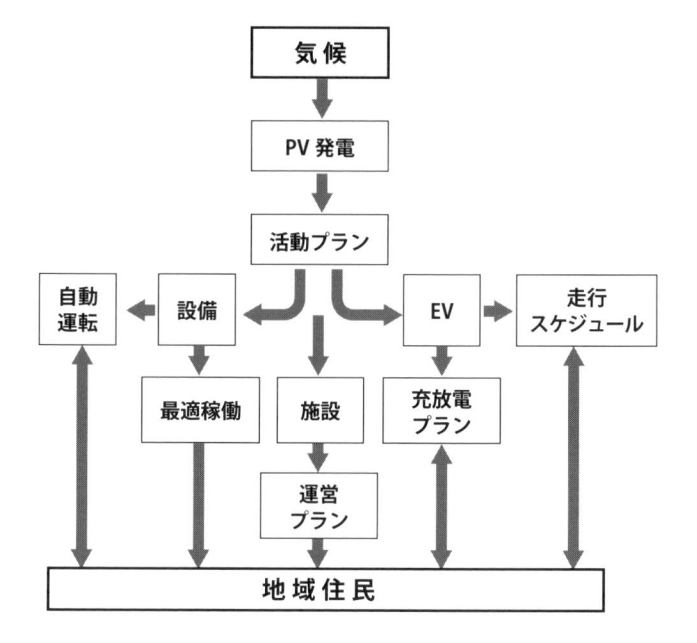

▶ 図3-19　Solar-Based-Smart Cityの構成イメージ

　こうなると、天候によって運転手をはじめとする交通関係の就労者の労働需要が変化するようになるはずだから、天候に即して休みが取れるような就業形態を取れるようになる。これらが実現するには、軌道交通、バス、タクシー、カーシェア、自転車のシェアリングなどの交通サービスを一元的に利用できる情報基盤が整備されることが前提となる。

　これは、PVの発電量予測に基づいて交通事業者、利用者の双方に対してはベストは運行情報を提供し、これをマッチングする新しい概念のMaaSが登場することを意味している。Solar-Based-MaaSとも言えるサービスだ。

　商業施設は、PVインセンティブが最も高くなる日時に顧客を誘導するような販売活動を行うだろう。例えば、天候予測に基づいてセールやイベントを計画し、それに応じた仕入れを行う。逆に人の移動が少ない日時に、あえて来店のインセンティブを高めるような取り組みも考えられる。仕入れについては、天候予測に基づいて人の移動が少ない時間に行うようにすれば、交通量の平準化に寄与することもできる。こうした取り組みを繰り返すと、来

店客数の予測精度が高まるので、来店客数の少ないときには積極的に休暇の取得を促すなど就労環境の改善も進むようになる。

インテリジェント化が加速する家電

　家電がPVインセンティブに応じた稼働ができるような制御システムを備えるようになると、当然その基盤にアプリケーションを付加して家電の機能を高めようとする取り組みが出てくる。冷蔵庫については、これまでも検討されている庫内の食品の保管状況を所有者に知らせる、あるはレシピを提案するような機能が広く普及するきっかけになるかもしれない。業務用の冷蔵庫であれば、冷蔵庫の商品の保管状況を把握することで、店内で働く人の労働負荷を下げるようなシステムを提案することも考えられる。電炉のような産業用設備では、PVインセンティブ用の制御システムを取り付けることが制御の自動化や高度化を促すきっかけになるかもしれない。以上は、PVインセンティブのために家電、業務用・産業用設備に制御機能を付加することを政策的に後押しすると、それが家電、業務用・産業用設備のインテリジェント化を進める基盤になる可能性があることを示している。

　このように、PVの変動をできるだけ配電網内で吸収するためのエネルギーシステムを作ることは、配電網管内の設備、機器のIT機能を格段に高めることにつながる。当然、配電網の範囲と他のインフラの範囲が合わないこともある。例えば、交通機関の範囲は配電網より広いのが普通だろう。こうした場合は、複数の配電網の情報を交通機関向けに融通すればいい。Solar-Based-Smart City内の電力の融通にはガバナンスが必要だが、情報のやり取りについては、適切なルールさえあれば壁がある訳ではない。

Solar-Based-Smart City を活用する行政

　配電網を単位としてこれだけ情報基盤が整うと、優れた行政であれば、それを地域の活性化や行政運営の効率化に活かせないかと考えるようになる。日本だけでなく、資本主義国家は財政的に見ると、民は富み官は貧す状況にある。高齢化、環境問題、教育など様々な社会問題が顕在化しているにもか

かわらず、公共がそれを解決するための十分な投資力が持てなくなっている。一方で、今回の新型コロナウイルスの問題では、公共、行政システムの重要さが再認識された。

他方、経済の発展により民間側には資金と技術、あるいは人材が集積しているため、優れた行政マンは民間の資産をいかに有効に活用するかを考えている。特に、民間に比べて技術、人材面での蓄積が劣るIT分野については民間との協働なしに社会的な基盤整備も難しくなっている。そうした状況で、配電網内に上述したようなAI/IoTの基盤が整えば、それをいかに上手く活用するかを考えるのは当然の成り行きだ。

最もわかりやすいところでは、域内の交通政策にSolar-Based-MaaSの基盤を活かそうとするだろう。そこに公共交通を連動させるようにすれば、少ない投資で地域住民の利便性を高めることができる。域内のエネルギー資産を管理するための基盤を持っているのなら、エネルギーラインに並行して整備されている上下水道の監視、維持管理支援を委ねたいと思うだろう。極端な気象が常態化し、地域の防災機能を高めなくてはならない中で、SDGの情報ネットワークやエネルギー資産の運用基盤は安全安心を支えるインフラとして活用したいところだ。

PV、冷蔵庫、EVなどをつなげば、地域住民のほとんどをネットワークすることができるから、防災に加え様々な広報の基盤となることも期待できる。当然のことながら、環境政策、環境教育を進めていくための効果的なツールにもなる。また、PV活用のための蓄積されたデータを活かせば、政策づくりに資することも可能だ。民間側としても、エネルギーシステムのために作ったネットワークが公的な目的に活用されれば、稼働率が上がるから公共からの要請は基本的にウェルカムなはずだ。

公共側のこうした期待が民間側に伝われば、民間側もPFI（Private Finance Initiative）、PPPで提唱され制度も整備されている民間提案制度を使って公式な手続きを経て、公共からの委託業務の枠組みを作ることができる。

以上のプロセスは、エネルギーとAI/IoTを核とした民間主導型のスマートシティの成立過程に他ならない。

日本版スマートシティの重要性

　先に、スマートシティには何らかの成立根拠が必要と述べた。中国では、都市化政策を進めるための園区の仕組みが、都市のガバナンスとスマートシステムの範囲が一致したスマートシティ建設の推進力になっている。その規模は、面積で数十km²、人口で数十万に及び、都市化、住民の生活環境整備、交通、技術革新などの目的で巨額の資金が投入されている。今後、新興国、途上国のスタンダードになり得る都市のスマートインフラが整備されていくことだろう。他国がいかに頑張っても、同じ土俵で競争できる相手ではない。

　日本では、不動産事業者がスマート化が不動産価値につながるスマートシティ事業を立ち上げた。10ha単位の付加価値の高い不動産開発は、中国の園区型スマートシティの中でも評価される。限られた区域の中で、日本ならではのきめの細かい設備設計、技術、システム、ノウハウなどが開発されているからだ。日本版のスマートシティは、狭い国土の中で都市の集積度を高めてきた日本が生み出した独自の資産なのである。ただし、展開できるのは、スマート化投資で不動産事業として魅力的な経済的な価値を生み出させる地域に限られる。これに対してSDGを核とした「Solar-Based-Smart City」は、日本が本気で気候変動対策を講じるのであれば、電力網が整備されている地域にはどこでも展開できるスマートシティのモデルだ。

　園区型のスマートシティは、急速な経済発展を続ける中国が都市化政策の中で作り出した独自のモデルだ。スマートシティの中で使われる技術やシステムは世界中で共通しているが、スマートシティが事業として（公的事業、民間事業含む）成立するためには国ごとの事情に根差した根拠が必要なのだ。技術は共通していても、都市の形は国や地域によって異なるのがスマートシティなのである。

　その意味で、「Solar-Based-Smart City」は偏西風と広大な平地を活かした風力発電が展開できない日本が、技術力とコミュニティ力を活かして整備するスマートシティのモデルと言える。国はエネルギー供給強靭化法の法案を審議している。その中に、配電網のライセンスを付与する制度が盛り込まれている。現在でも特定送配電事業者の制度があるが、自営線の敷設が前提

となっている、需要家ごとの供給地点を届ける必要がある、など事業面での
ハードルが高い。そこで、特定の区域で効率化やレジリエンスを向上させる
ことを目的に、一般送電事業者から譲渡または貸与された配電系統を維持・
運営し、託送供給および電力量調整を行う事業者を設置するというものだ。
配電網の運営を任された事業者は事業の付加価値を高めようと思うから、配
電事業だけに留まらずいろいろな付加価値を取り込もうとするはずだ。まさ
に、Solar-Based-Smart City のための法的な枠組みが整備されようとして
いるのである。

革新技術が自然と共生する日本の都市を蘇らせる

　欧米は自然を克服して発展してきたのに対して、日本は自然と共生しなが
ら発展してきた。鎖国制度の影響もあったが、江戸は当時としては世界的に
特筆できる環境共生型のリサイクルシティだった。エネルギーの観点で見る
と、その時代の日本の都市や地域はバイオマスの生成量に合わせて運営され
ていた。これに対して、欧米はバイオマスの賦存量を守ろうとせず、都市が
発展するに従って広い範囲の森林が荒廃した。日本は一定の発展を遂げなが
ら、都市周辺の森林が荒廃しなかった稀有な国だった。言わば、Biomass-
Based-Smart City が当時の日本の都市だったと言える。

　しかし、今の経済規模でバイオマスの発生量に合わせて都市を運営するこ
とは不可能である。そこで、バイオマスに比べると無尽蔵と言える賦存量を
持つ太陽光のエネルギーと調和した都市をいかに作り上げるかが、自然と共
生してきた日本が目指すべき次世代型のスマートシティであり、そのための
具体策がSolar-Based-Smart City である。

　自然と人類の関係という視点で言えば、産業革命から今日までは自然を制
覇する文化が自然と共生する文化を凌駕してきた歴史と言うこともできる。
緯度の高い自然環境の厳しい地域で発展した先進国の文化が範となった時代
でもある。これに対して、温暖な地域では自然との共生に価値を感じる文化
を持つ国が日本以外にも多数ある。それは今後、再生可能エネルギーの急速
な普及が期待される地域でもある。SDGを起点としたSolar-Based-Smart
City は、そうした国や地域に向けたモデルにもなる可能性がある。

第4章

SDG が創り出す
エネルギービジネス
の生態系

日本の資源が生きる SDG

エネルギー産業の重要性

　SDGを整備していくに当たって重要なのは、そこで生まれるビジネスとそれが普及する具体的なイメージを持つことである。自由化や低炭素化が進む中で、競争力のあるビジネスを生み出せなかったことが、エネルギーシステムの効率性にも影響を与えたという反省があるからだ。

　本書前半で触れたが、欧州が世界の再生可能エネルギーの市場をリードし、世界的に競争力のある企業が輩出したのは明確な産業戦略があったからだ。元来、ソ連への対抗策として進めていたエネルギーの統一市場のためのインフラであった広域送電網を、再生可能エネルギーを普及するための基盤に使うという戦略である。中国の再エネ企業の大躍進の背景に、アメリカも警戒する産業戦略があったことは言うまでもない。それに比べると、エネルギー分野での日本の政策や企業活動は、独自のビジョンと戦略でグローバル市場で勝ち抜こう、という姿勢が欠けていた。

　再生可能エネルギーの主軸であるPVと風力発電を中欧米に席巻され、火力発電で中国に水を空けられた上、再生可能エネルギーとデジタル技術が融合する今後のエネルギー市場でポジションを築けなければ、日本のエネルギー産業の将来は暗いものになる。デジタル技術で経済産業構造が大きく変わっても、現代社会が膨大なエネルギー消費の上に成り立っているという事実は変わらない。また、歴史を見れば、経済力のある大国は何らかの形でエネルギー産業の競争力を持ってきた。市場構造が転換する今こそ、エネルギー産業の重要性を再確認しなくてはいけない。

「日本発」の再評価

　化石燃料を中心としたエネルギーシステムが転換点にいるのは確かだが、送電線に大規模な電源をつなげるメガ再エネファームのモデルもいずれ壁に突き当たる。そこを補完するのは超分散した電源や需要をデジタルネットワークで結ぶエネルギーシステムであり、SDGはそのための具体的なモデルである。であるなら、そこからどのようなビジネスモデルが生まれ、どうやればそのビジネスが生まれ育つ土壌を作れるかを考えることが、競争力のあるエネルギー産業が育つことにつながる。

　グローバルな視点があったとは言えないが、ドイツのFIT導入以前に日本が創り上げた住宅用太陽電池の仕組みには、システムとしてのオリジナリティ、技術開発の可能性、政策当局・電力会社・住宅メーカー・太陽光パネルメーカーの有機的な連携があった。本書では、住宅用太陽電池向けに作られた日本のPVパネルは、ドイツがFITの下で発電用PVパネルの生産を始めたことで競争力を失ったと述べたが、それは広域送電網につながれる電源としての競争力に基づく評価である。

　世界のエネルギービジネスを見ても、エネルギーシステムは広域送電網を基盤とするシステムと、分散型エネルギーシステムが共存する方向に動き始めている。両者を比べると、技術面でも市場の面でも、今後より多くの成長が期待できるのは間違いなく分散型エネルギーシステムの側だ。その行き着く先が、第3章で述べた超分散・高密度ネットワークと言える。2000年代、FITの下でメガ再エネファームが建設され始めたとき、日本が自ら開発したシステムの将来性を冷静に評価でき、広域送電網を基盤とするエネルギーシステムの脱炭素化の限界を見極めることができ、再エネ市場がグローバル化することに気づいていたら、日本の住宅用PVシステムは、今頃グローバルレベルの競争力を持った商品に進化していたかもしれない。

　しかし、日本は自らの評価をよそに、欧州のエネルギーシステムの後追いに走ってしまった。欧州が対ソ連用に築いた広域送電網から新たな産業を育てたように、日本が競争力のある産業を育てるためには自らの経験の中に成長の芽を見出すしかない。そこに、日本ならではの成長のDNAがあるからだ。自由化、再生可能エネルギーの大量導入、IT化で先行する欧米、中国

の先進的事例を分析して、これから伸びそうなビジネスモデルを見出す、という後追い型アプローチで競争力のある産業は育たないのである。

2000年代の"IF"

2000年代にドイツがFITを始めたとき、日本の住宅用太陽電池の官民チームが以下のような観点を持っていたら、その後の展開は大きく変わっていたかもしれない。

➤二酸化炭素による温室効果は加速しており、京都議定書のような脱炭素の流れは一層強くなる。

➤（当時日本が重視していた）省エネアプローチには限界があり、再生可能エネルギーの大量導入が必要になる。

➤圧倒的な賦存量を持っており、技術的に大きな進化が見込める再生可能エネルギーはPVである。

➤PVを大量導入した場合には変動吸収が大きな問題になる。

➤広域送電網に大量の再生可能エネルギーを接続するEUモデルは技術的な限界に当たる。

➤変動調整機能を持った需要側の再生可能エネルギーシステムの需要が高まる。

➤制御システムの性能と経済性の進化は著しく、ダウンサイジングが進む。

➤将来は広域送電網と分散型エネルギーシステムが共存するようになる。

➤自由化の進展と人口減少による需要減は避けられず、電力会社も新しいビジネスの開発が必要になる。

こうした理解があったなら、次のようなビジネスパッケージを開発していたのではないか。

➤PV、蓄電池、系統電力を一体的にマネージするための制御システムを開発する。

➤系統電力と併存するために、PV＋蓄電池による電力の単価は将来的に系統電力に比肩し得ることを目指す。

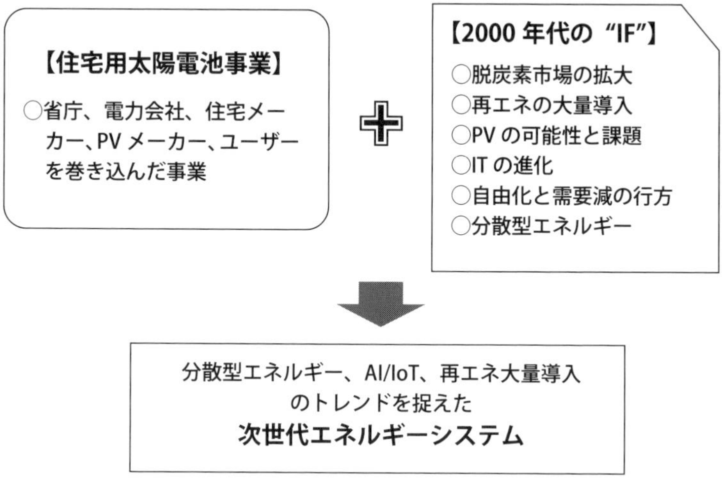

┌─────────────────────────┐   ┌──────────────────────────┐
│　【住宅用太陽電池事業】　　　　　│   │【2000年代の "IF"】　　　　　│
│   │   │○脱炭素市場の拡大   │
│○省庁、電力会社、住宅メー　│　➕　│○再エネの大量導入   │
│　カー、PVメーカー、ユーザー │   │○PVの可能性と課題   │
│　を巻き込んだ事業　　　　　│   │○ITの進化   │
│   │   │○自由化と需要減の行方   │
└─────────────────────────┘   │○分散型エネルギー   │
                                └──────────────────────────┘

┌──────────────────────────────────┐
│　分散型エネルギー、AI/IoT、再エネ大量導入　│
│　　のトレンドを捉えた　　　　　　　　　　│
│　次世代エネルギーシステム　　　　　　　　│
└──────────────────────────────────┘

▶ 図4-1　2000年代の "IF"

➢太陽光パネルは前項のために発電効率と経済性のベストバランスを目指す。

➢PV、蓄電池、制御システム、EV充放電器、高機能家電を組み込んだスマートハウスを開発、普及する。

➢スマートハウスはライフサイクルコストで通常の住宅と比肩することを目指す。

➢スマートハウスのエネルギーシステムを集合住宅用に転用する。

➢スマートハウスなどが集合したスマートタウン用のCEMSとインフラを開発する。

➢上記を太陽光の変動を吸収するシステムに発展させる。

➢スマートタウン普及のための制度を施行する。

　2000年代の初めにこうした方向性で技術、製品、プロジェクトを開発し、事業者が育っていれば、EUが進めた送電線網の低炭素化の次に来る分散型エネルギー市場に向けた強力な商品、サービス、社会システムができていたはずだ（図4-1）。実際に、PVと蓄電池のパッケージはアメリカなどで市場が立ち上がっている。スマートタウンは中国のエコシティでも付加価値の高

いコンテンツになる。PV を使ったエネルギーシステムのパッケージは、電力システムの柔軟性が低い新興国や途上国で再エネ普及のための事業モデルになり得る。そして、脱炭素時代に向けて、日本モデルを胸を張って提示できていた。

　「たられば」の話だが、こうした理想ケースと日本の現状との乖離は大きい。そこには以下のような背景があった。

日本モデルの成長を止めた背景

　1つ目は、エネルギーシステムに関する将来ビジョンを持てなかったことである。エネルギーシステムの将来を占うに当たって、最も重要なのは純粋な技術論である。自由な技術論やビジョンが活発に語られる場があれば、価値観の違いはあっても、サステイナブルなエネルギーシステムのシナリオをいくつも描ける。上述した点は、2000年代に誰もが理解できる与件であったはずだ。

　しかし、東日本大震災前のエネルギー市場では政策が大きな影響力を持ち、電力会社が圧倒的な発言力を持つ中で、誰でもわかっている与件を前提とした自由な議論ができなかった。その時期に生まれたのが、今では世界中で誰も賛成しないであろう日本版の原子力ルネッサンスである。筆者は、核融合を含む原子力発電の技術は維持すべき、と主張し続けている。理論的に原子力を中心としたエネルギーシステムはあり得るし、世の中で提唱されている分散型エネルギーシステムの多くは、広域送電網を介した大規模集中型のエネルギーシステムとの共存を前提としている。問題は原子力発電のリスクに関する議論を封印し、分散型エネルギーシステムの可能性を軽視したことにある。

　2つ目は、日本ならではのモデルを見失ってしまったことである。上述したように日本発の住宅用太陽光発電システムは SDG の起点にもなり得た。当時は高コストだったが、上述した視点の下で効率化を進めていれば、今より経済性の高いシステムができていたはずだ。しかし、原子力ルネッサンスが夢と消えたところで、EU の再生可能エネルギーの隆盛を見せつけられ、自らが創り上げてきたシステムの良さを見失い、EU の後追いに走ってし

まった。福島第一原子力発電所の事故がなく原子力発電が今でも隆盛であったら、EUのエネルギーシステムは高コストと再エネの導入限界でガラパゴス化していたかもしれない。ガラパゴスを恐れて差別性のあるシステムやビジネスモデルを作ることはできない。

　3つ目は、エコシステムを失ってしまったことである。住宅用太陽光発電にしても省エネにしても、そこには小さいながら日本としてのエコシステムがあった。しかし、気がついてみると、FIT導入後の日本のエネルギービジネスには単品指向が蔓延しているように見える。一部にはITを使った業界横断的な取り組みもあるが、広く普及するような商品・サービスは見られない。ITの進化によって、単品の技術だけで競争力のあるビジネスを立ち上げることは難しくなっている。

反転に向けた日本の産業の素材

　今必要なのは、以下のような、日本の優れた産業素材を新しいビジネスのエコシステムに組み込むことである。

　1つ目は、PVである。メガソーラーの分野では中国勢に席巻されたが、ルーフトップに絞れば日本のPVにもまだ可能性がある。また、面積が限られたルーフに着目すれば、効率性を追求した技術開発の蓄積が功を奏する時代が来る。

　2つ目は、スマートハウスである。SDGでは、スマートハウスがITとエネルギーが融合するプラットフォームになる。EVとの連動などを前提とした機能を絞り込み、エネルギー基盤としての効率性を高めれば、スマートハウスは社会的な資産としての価値を獲得することができる。

　3つ目は、不動産事業者が開発した日本型スマートシティである。日本型スマートシティはスマートハウスと比べても、より多くの技術やシステムを融合するプラットフォームになる。行政区単位のスマートシティについては、日本での実現方策が見えていない。この分野では、前章で述べた通り中国が世界市場を席巻する。そこでも、日本型スマートシティは付加価値をアピールできる。

　4つ目は、日本のお家芸とも言える高機能家電である。家電はSDGの神経

網を構成する重要なコンポーネンツである。SDGによって、家電は都市のインフラとしての機能も併せ持つことになる。日本の家電にはそうした多面的な機能性がある。SDGに対応できる機能を装備することは日本の家電の競争力復活につながる。

　5つ目は、統制の取れた日本の事業者である。PVの発電量に応じた生産量のコントロールは、日頃から生産プロセスを適切に管理している事業者がいてこそ可能となる。練度と意識の高い作業者を数多く抱える日本企業の力が発揮される領域と言える。投資回収率一辺倒だった企業評価はESG、SDGsなど多面的な評価へと移行しつつある。SDGは、日本企業が次世代に向けた新たな価値を発揮する基盤となる。

　6つ目は、管理レベルの高い配電網である。配電網単位でPVとEVをマッチングするために欠かせないのは電網の管理技術の高さである。日本の電力会社の送配電網の管理技術は世界的にも高く評価されている。また、住宅用太陽光発電発電をはじめ企業や行政と実証や技術開発を行ってきた実績もある。それが、PVの変動をEVでオフライン化するための資産となる。一方、電力会社の側から見れば、SDGに参画することは優れた電網の管理技術を新しいビジネスにつなげる機会となる。

　7つ目は、意識の高い住民である。SDGはPVを起点に様々なアセットをネットワークする仕組みだが、PV電力をEVや熱利用資産と結びつけるのはインセンティブプログラムである。経済的な要素だけでSDGのインセンティブプログラムは成り立たない。高い個人とコミュニティの意識があってこそ、効率的で効果的なプログラムとなる。筆者は、アジア諸国での活動を通じて、リサイクル政策などで日本が持っているコミュニティの連携の強さが評価されることが多い。一方、個人やコミュニティの側から見ると、人口減少や核家族化で希薄化が懸念される中、SDGは新しい結びつきを創るきっかけになる。

　8つ目は、官民連携基盤である。SDGには電力会社、PVやEVのサプライヤー、PV所有者、EV利用者、行政、不動産業者など多くの機関、個人が関わる。特に事業の立ち上げ段階では、これらをいかに有機的に結びつけるかが重要になる。人口減少や景気の停滞などもあり、日本の各地で官民連携の活動が盛んになっている。大学が中心のところもあれば、行政がリードし

▶ 表4-1　SDGを支えるビジネスモデル

ビジネス名	概　　要
SDGネットワーク オペレーター	配電網運営、広域送電網との連携、情報拠点の役割を担うSDGの中核機関
気象データアナリス &サプライヤー	PVの発電量、EVの充放電などの予測を行うとともに、データ分析を行う情報分析機関
PVインセンティブ ポイント・オペレーター	PVインセンティブポイントの適切な配分、監視のためのシステム運営とデバイス管理を行う機関
Solar-Based-MaaS オペレーター	PV電力起点のMaaSの運営を担い、SDGによる行動変容を促すサービス機関
Solar-Based-VPP	主として配電網間、配電網外でのPV電力と需要のマッチングを行う電力事業者
Solar-Based- マーケッター	SDGに関わる情報をベースに、企業や行政機関にマーケティングなどの情報を提供する事業者
SDGデバイス・ サプライヤー	SDGを構成するデバイス、システムをサブスクリプションで提供する事業者
Solar-Based-Smart City インベスター	SDGにより生まれるプレミアムを不動産価値に変える投資家

ているところもあるし、企業が中心的な役割を果たしているところもある。SDGではこうした官民連携基盤が欠かせない。一方、地域の側から見れば、SDGによる革新的なシステムは官民連携基盤に新たな発展の可能性をもたらす。

　SDGの構築で重要なのは、上述したような日本の優れた資源を有機的に結びつけ、日本ならでは、あるいは地域ならではビジネスエコシステムを創り上げることである。次節ではそのために、以下のようなビジネスモデルを考えてみよう（**表4-1**）。

SDGが創る
ビジネスエコシステム

2

【SDGネットワークオペレーター（SDG・NO）】

　SDGの中心となるのは、配電網の運営と配電網を介してやり取りされる取引やデータ交換のための場づくり、監視などを担うSDGネットワークのオペレーターと言える事業者である。配電網の維持管理、機能強化やそれを支えるための配電網内の託送料金の設定と徴収が業務の基盤になるため、電網運営のノウハウを持つ電力会社が関わることが前提となる。一方で、以下に示すように情報ネットワークの整備・運用、インセンティブ・プログラムの運用、それらに伴うエリアマネジメントなどの業務が関わるので、電力会社を中心としながらもIT企業やメーカー、不動産会社、商社なども参加したSPC（特別目的会社）を設立するのが効果的だろう。制度的に見ると、このたび導入が見込まれているエネルギー供給強靭化法による配電網のライセンスの制度を使う新たな事業体である。

　SDG・NOの役割は大きく分けて3つある。

　1つ目は、上述した配電網の維持管理、機能強化やそれを支えるための配電網内の託送料金の設定と徴収、という配電網の運営管理者としての役割である。託送料の設定はSDGの成否に大きな影響を及ぼす。システム構築などのための十分な資金は必要だが、料金が高すぎると活発な取引が行われない。超分散ネットワークの特長は、ごく小さな量を含め、膨大な数の取引が行われることである。それを1つひとつ管理し託送料金を課していては、料金を課す方も課される方も負担が大きい。そこで、例えばスマートフォンの料金のような一定条件下での固定料金、ユーザーの事情に合わせたメニューのバリエーションなどが有効になる。

　料金のレベルは、SDG・NOが下述するビジネスに絡んでどの程度収益を上げられるかも関係してくる。電力利用を促すことが他のビジネスに波及す

る効果が大きければ、その分だけ託送料金を安めにできる可能性がある。そうしたエリアマーケティングの観点も重要になる。

　2つ目は、広域送電網と配電網内の接点としての役割である。配電網はできるだけ域内の電力を域内で消費するように需給をマッチングさせるが、都心部などでは圧倒的に電力が足りない。その場合、配電網外部から電力を調達する必要がある。この辺りの仕組みには詳細な検討が必要になる。

　配電網内の需要家が配電網外の市場や小売事業者から自由に電力を調達できるようにするのが、広域的な市場取引の観点では望ましい。ただし、SDGの目的である配電網内でのPV電力のマッチングを優先させるためには、PV電力利用のためのインセンティブ、配電網内外での託送料金の格差付け、適度な規制などの工夫が必要になる。外部との自由な取引の他に考えられるのは、配電網内の電力供給の不足分をSDG・NOが外部から調達し、域内で配分するという方法だ。自由な取引市場を創るためには課題もあるが、再生可能エネルギーの大規模な導入拡大を図るためには、あり得る選択肢だ。

　3つ目は、SDGに関する情報集約拠点としての役割である。SDGを機能させるためには配電網内でのPV電力の取引、EVステーションの稼働、PVインセンティブポイントの付与、SDGの起点となる気候やPVインセンティブポイントの政策に関する情報が適切に流通されなくてはならない。

　前述したように、電力取引やインセンティブポイントのやり取りにはブロックチェーンの仕組みを導入し、配電網の運営管理者がシステム構築や管理に過度の負担を負わないようにする。それにしても、SDG・NOはそれらが適切に機能しているか把握する必要がある。気候情報についても、分析するのは他の事業者だが、SDGが適切に機能していることを把握するためにはSDG・NOが情報の内容と流れをつかんでおく必要がある。こうしてSDG・NOは、配電網内の主要な情報の流れの結節点となるための機能を備えなくてはならなくなる。

　以上のような条件を備えたSDG・NOに関する機能設計は、SDGを実現するための肝となる（**図4-2**）。

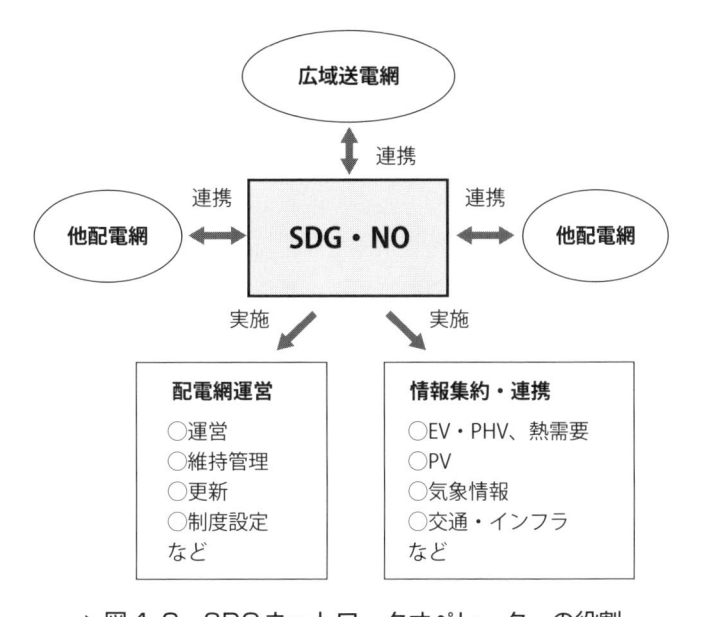

▶ 図4-2　SDGネットワークオペレーターの役割

【気象データアナリス&サプライヤー（WD・AS）】

　SDGの機能を備えた**Solar-Based-Smart City**では、気候という自然現象を起点として地域内のほとんどの活動、移動が行われる。そのために欠かせないのが、精度の高い短中期の気象予測、予測データに基づく個々のPVの発電量やEVの稼働の予測である。いくつかの機関が連携して、こうした機能を実現しなくてはならない。

　短中期における気象予測のための基礎データを提供するのは今後も気象庁だろう。気象庁は3年程度のピッチで気象衛星を更新しており、今後も衛星から送られてくる気象データの精度と密度は向上し続ける。

　その上で、公的な気象データを使ってPVの発電量を民間ベースで予測する。PV発電量の予測はメッシュが細かければ細かいほど、期間が長ければ長いほどよいことになる。ここにWD・ASの役割が生まれる（**図4-3**）。

　WD・ASはSDG・NOからの委託を受け、配電網内の各PVの仕様と日照データを掛け合わせてPVごとの発電量を予測する。そのために気象庁から

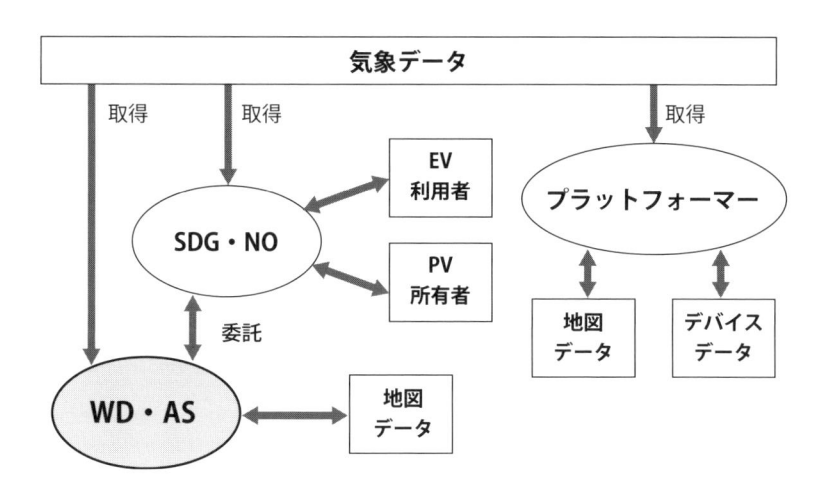

▶ 図4-3　気象データアナリス＆サプライヤー（WD・AS）

　得た気象データに基づき、500m程度のメッシュの日照を予測する。当該予測に当たっては気象データに地図データも組み合わせ、ビルなどの日陰の影響も考慮する。発電量の予測は、予測対象日時が近づき天候予測の精度が上がるのに応じて、直近においては雲の発生地域の予測に応じて、SDG・NOが求める時間ピッチで発電予測を更新する。実際の発電時間が過ぎたら、実際の発電量と最終的に予測した発電量のデータを保管し、両データを照合・分析することで予測モデルを改善する。

　EVについては実際の充放電量のデータをSDG・NOから受け、日照予測のデータ、季節や曜日、イベント情報などと合わせてEVの充放電量を予測するためのシミュレーターを構築する。SDG・NOはEVの充放電予測のデータを用いて、PV電力とのマッチングの精度の向上を図る。SDG・NOから委託された業務についても、WD・ASのモチベーションアップを図るため、WD・ASが一定の条件下でPVの発電量、EVの充放電の予測データを利用できるようにする。

　予測システムの構築や、SDG・NOから委託されたデータ処理の業務を実施するためのITの専門性が求められることから、IT関連企業が関わる業務と言える。一方、PVの発電量、EVの充放電の予測データを一定の条件下

で利用できるとすれば、Solar-Based-Smart City の中の活動の多くを把握できることになるので、プラットフォーマーや商業関連の企業には魅力的なポジションになる。Solar-Based-Smart City が日本中、将来的には海外にも広がる可能性があるのなら、システム投資を負担してでも手掛けたいビジネスになるのではないだろうか。

【PVインセンティブポイント・オペレーター（PV・IPO）】

　PVインセンティブポイントは、FITで言えば賦課金とそれを原資とした発電事業者へのプレミアムに相当するSDGの経済的基盤と言える仕組みである。これを適切に配分するためには2つの機能が必要となる。

　1つは、公的な資金を管理するための機能である。前述した通り、PVインセンティブポイントの原資は再エネ普及に関わる政策を運用する省庁からの拠出であるため、公的な資金を受け入れて管理し、規定に従って配分するための公的な組織が必要となる。現状でも、FITの賦課金は中立的な機関によって配分されている。

　FITと違うのは、FITでは賦課金という電力需要家から徴収した資金を発電事業者という民間企業に配分したのに対して、PVインセンティブポイントは再エネ普及に関わる省庁から資金を集め、税金の還付や減税の原資元となる公的部門に再配分するという点である。したがって、FITの賦課金を管理する組織が公的にオーソライズされた組織であるのに対し、PVインセンティブポイントを管理する組織は純粋な公的組織ということになる。したがって、その配置は霞が関の判断に委ねられることになる。

　PVインセンティブポイントを管理する公的組織には、資金管理以外の機能も求められる。PVインセンティブポイントを税金の還付や減税に換算するための係数を決める機能だ。係数の根拠となるのは、PV電力の調整コスト、他の再エネでPVを代替した場合のコストとの比較、再エネ普及として社会的に負担すべきコスト、SDGを普及することによる産業振興や地域振興の効果、あるいは他国の再エネ普及のための資金規模などだ。これらを勘案して換算係数を算定するためには、複数分野の高い専門知識が必要とな

る。

　また、換算係数に絶対的な解がある訳ではないので、社会的な合意を得るための説明力や中立性が求められる。結果として、日本では信頼性のある有識者からなる委員会により議論、決定することになるだろう。PVインセンティブポイントを担う公的機関は、当該委員会の運営の事務局も併せて担当することになる。前述した通り、日本版FITでは需要家、国民に対する仕組み、負担レベルの説明が不十分だったという反省がある。そうした経緯を踏まえ、当該の事務局には国民に対する十分な説明と情報の公開が求められることになる。

　こうした公的機関に加えて必要になるのが、PVインセンティブポイントを算定するための機関である。PVインセンティブポイントの算定には以下のようなデバイス、システムが関わる。

➤PVの発電量を取得、保管、送信するためのPV側のデバイス

➤熱需要設備の運転調整を行うためのデバイス

➤EVの充放電を行い、充放電のデータを取得、保管、送信するためのEVおよびEVステーション側のデバイス

➤デバイスから送られた情報により、PVインセンティブポイントを算定するためのブロックチェーンを含むシステム

➤デバイスからのデータ、PVインセンティブポイントなどを受け取る需要家、設備所有者などのスマートフォン上のアプリケーション

　PVインセンティブポイントが公正に算定されるためには、これらがルールに則って機能することが必要である。また、上記はメーカーなどが作成すべきものと社会的に集中して作るべきものに分かれる。デバイスについては、オーソライズされた規定に従ってメーカーなどが作ることが合理的だろう。ブロックチェーンを踏むシステムについてはオーソライズされた機関が構築・運用すべきだが、スマートフォン上のアプリについては民間のシステム会社が規定に従って作成した方が効率的だろう。

　こうした観点から以下の業務を担う事業者、PVインセンティブポイント・オペレーター（PV・IPO）が必要となる（図4-4）。

➤メーカーなどが開発するデバイスに関する要件の作成（必要に応じ要件の確認）

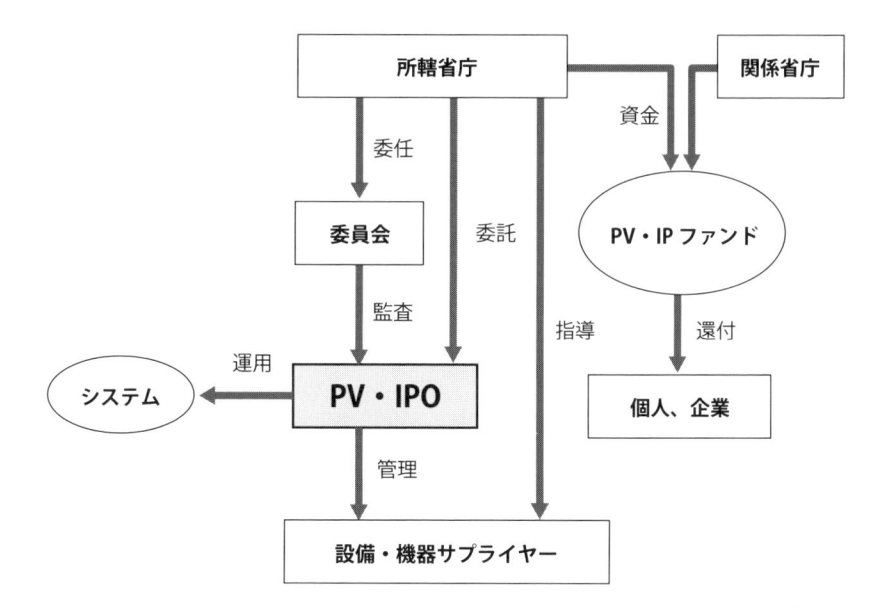

PVI：インセンティブポイント

▶ 図4-4　PVインセンティブポイント・オペレーター（PV・IPO）

➤スマートフォン上のアプリに関する要件の作成（必要に応じ要件の確認）
➤ブロックチェーンを含むシステムの構築、運営
➤行政からの依頼を受けたPVインセンティブポイント関連の情報の普及などに関わる業務

　こうした業務を行うためには、システム構築のための能力に加え、デバイスの規格づくりを含めたIoTのシステム構想、仕様づくりに関する能力が必要となる。公共性のあるルールを管理する機能も重要だ。IT企業と電機メーカーなどを軸に、管理機能を付加したコンソーシアムなどが担うべきだろう。当該コンソーシアムは、PVインセンティブポイントの公的機関からのオーソライズを得て上述した業務を実施することになる。

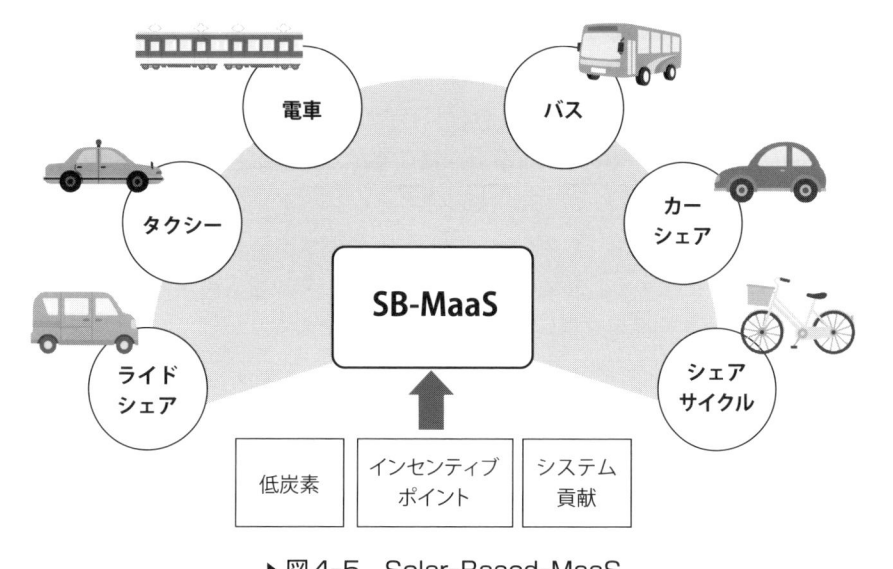

▶ 図4-5　Solar-Based-MaaS

【Solar-Based-MaaS オペレーター】

　Solar-Based-Smart Cityの中ではPV電力を使うだけでなく、先端技術を使った革新的なサービスが数々と展開される。その代表がMaaSである（図4-5）。

　SDGは個人がEVを利用することを前提にしているが、当然モビリティサービスを担う事業者が運営することも考えられる。それを前提とすると、MaaSとSDGの接点は複数考えられる。

　まずは、Smart City内の移動をサポートする文字通りのMaaSである。配電網の中には地下鉄やバス、タクシーなどいくつかの公共交通機関が存在する。バスやタクシーの中にはEVやPHVもあれば、HV、ガソリン車もある。公共交通機関以外にカーシェアのようなサービスも存在する。MaaSはこれらを組み合わせて効率的な移動をサポートするサービスだが、そこに低炭素の要素を加えるのがSolar-Based-MaaS（SB・MaaS）と言うことができる。

　MaaSでは、ほとんどの人のスマートフォンにインストールされている交

通案内アプリをリアルタイムにして決済機能などを付加したようなアプリケーションが使われる。そうしたアプリ上で料金や移動時間などに加え、低炭素さの度合いやPV電力の変動吸収への貢献度を選択肢に加える。**Solar-Based-Smart City**の中のEVは取引、税金還付、減税などの観点からSDG・NOに登録されているので、**SB・MaaS**のオペレーターはSDG・NOから情報の供与を受け、バス、タクシー、カーシェアの車両ごとにEV、PHVであるかどうかを把握する。将来的には、走行距離と充放電実績から同じEV、PHVでも、より低炭素な車両を特定することができる。

　SB・MaaSオペレーターがそうした情報を把握していることを前提に、利用者は低炭素の度合いとPV電力の変動吸収への貢献度を選択肢に加え、移動手段を検索する。そうすると、SB・MaaSオペレーターのシステムは、効率性の高い、あるいはPVインセンティブポイントの高い、EVタクシー、バスの走行位置を把握し、利用者に対して移動手段を提示する。カーシェアを利用する場合は、EV車両の停車位置を把握して選択肢に加える。利用者はシステムが提示した中から、料金、利便性、低炭素性、PV電力の変動吸収への貢献度などから移動手段を選択する。

　EVやPHVを使ったバス、タクシー、カーシェアは利用者向けのサービスだから、PVインセンティブポイントの利用方法についても自由度を与える。例えばタクシー業者であれば、本来PVインセンティブポイントを貯めて会社の減税の資源としたいところだが、その一部を顧客に分け与える自由度を与えるのである。利用者がタクシー利用時にスマートフォン上のMaaSのアプリで決済すると、EVタクシーが獲得すべきPVインセンティブポイントの一部が利用者のスマートフォンに移動するようにする。こうすることで、例えば自らが所有する冷蔵庫、EVなどでPVインセンティブポイントを貯めようと考えている利用者は、PVインセンティブポイントをより多く獲得できる移動手段を選択しようとするインセンティブが働く。

　SB・MaaSは、MaaSのオペレーターを中心に移動サービスを提供する様々な事業者により支えられる。PVインセンティブポイントを触媒として上手く使えば、例えばタクシー事業者は人・kmというベーシックな交通の指標だけでなく、いかにEVの割合を多くし、PV電力をいかに上手く利用し、PVインセンティブポイントを顧客といかに分け合うか、という多面的

な指標に基づいて行動するようになる。優れた事業者であれば、PVインセンティブポイントを上手く利用する顧客の行動パターンを分析して効率的に配車を行ったり、キャンペーンを催したりするようになるだろう。こうした創意工夫が生まれることが、交通事業者に新たな成長をもたらす。

　昨今の鉄道事業者を見ると、今や事業の成否を決めるのは旅客輸送そのものではない。車両のデザインや車内サービス、イベント、旅行業者とのコラボレーション、不動産開発との連動など、旅客輸送機能周辺部分の付加価値をいかに高めたかが成長のカギとなっている。それに比べると、地域の交通事業者は旅客輸送以外のサービスの開拓が少ない。それが、単純な価格競争に陥るリスクを高め、時に利用者軽視にも見える業界規制につながり、時に補助金依存につながったのではないか。MaaSはそうした交通事業者に新たな選択肢を提示するベースになるだろうし、SB・MaaSが実現できれば付加価値創出の有用な選択肢になるだろう。

　昨今のESG、SDGsへの関心の高さを見れば、モビリティサービスにそうした観点をいかに盛り込むかは重要なテーマだ。今は発電所のCO_2排出量ばかりが話題になっているが、地球環境を考えると交通はエネルギーと並ぶ負荷源である。

　第3章で述べたエネルギーシステムにおけるEVの影響力の大きさと、ここで述べた**SB・MaaS**の展開のバリエーションを考えると、Solar-BaseとMaaSの組み合わせは、都市の運営そのものに大きな影響を与えられる可能性がある。詳しくは以下のSmart Cityの項で述べることとしよう。

【Solar-Based-VPP（SB・VPP）】

　第3章で、VPPは事業モデルであるのに対してSDGはインフラである、と述べた。EVや冷蔵庫のような広く細かく分散したエネルギー需要をエネルギーシステムに結びつけるためには、広く緻密なネットワークが必要だ。それは、サービスとしてよりもインフラとして運営する方が適している。しかし、SDGによって広く細かく分散した需要がネットワークされたからといって、これまでエネルギー政策の対象となることが多かった工場や中大規

模商業施設などの大口需要家の位置づけが低くなる訳でない。エネルギーシステムに与える影響の大きさ、政策などの呼びかけに対する信頼度を考えると、こうした事業者をいかにSolar-Basedに振り向けるかは引き続き重要な課題だ（図4-6）。

SDGは、配電網の比較的低圧な環境下でPV電力をやり取りするための仕組みである。しかし、多くの配電網では需要量と十分に賄うだけのPV電力がないし、戸建て住宅が集中したエリアなどではPV電力が過剰となる可能性もある。また、これまでのFITで導入された6,000kWものメガソーラーもある。こうした配電網間、配電網内外のPV電力の需給バランスをどのようにとっていくかが、SDGを実現するためにも重要な課題となる。

配電網の外側では、PV電力の需給のアンバランスに加え、中大工場、鉄道、大規模商業施設、大規模オフィスなどの大型需要にどのようにPV電力を供給するかが課題となる。PV電力のシェアが総発電量の3〜4割になると、配電網の中でバランスさせるPV電力を差し引いても、総発電量の1〜2割程度のPV電力は配電網を超えて取引されることになるだろう。そこを担うのが、SB・VPPだ。SB・VPPの役割を送電事業者に委ねることも考えられるが、電力需要が減る中で広域送電網のコストを押し上げる可能性もある。また、こうした大口需要家に対して、単にPV電力を上手く使ってもらうだけでなく、省エネやオペレーション改善のためのサービスを一体的に提供した方がいい。そこで、次のような機能を持つ民間のSB・VPPの活躍が期待されることになる。

➤ SDG・NOないしは配電網内の小売事業者からの情報と大口需要家からの情報に基づき、PV電力をマッチングさせるためのシステムの構築・運用
➤ PV電力の変動を吸収するための需要家への稼働調整への呼びかけ、およびそれによる変動調整源の確保、そのためのシステムの構築・運用
➤ 上記による変動調整資源を調整市場に供給し事業収益とするための機能
➤ 調整市場への供給原資を拡大するために、電力需要家である顧客に対して省エネルギー、あるいは生産効率性改善などのソリューションを提供する機能

強い偏西風と広大な平地や浅瀬に恵まれない地域では、再生可能エネル

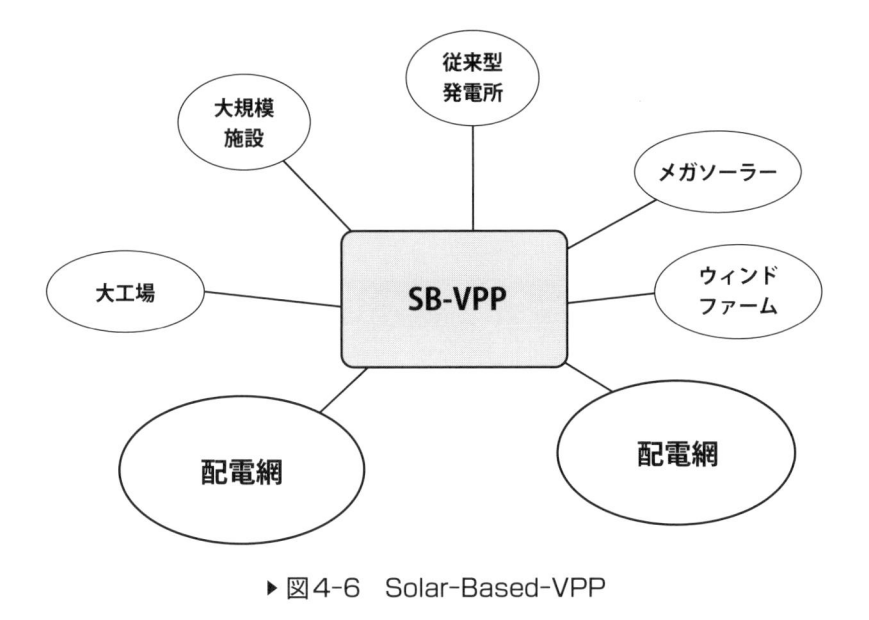

▶ 図4-6　Solar-Based-VPP

ギーの拡大はPVに頼らざるを得ない。日本もそうした地域の1つだ。その分だけ、PVの変動を吸収するための「市場」は広がる。その「市場」は大きく3つの要素で構成される。

　1つ目は、蓄電池市場だ。アメリカで拡大しているPV＋蓄電池システムのように、目の前にあるPVの変動を吸収して需要家や取引市場に送る。あるいは送電事業者が変動吸収のために、送電網に蓄電池を連結させる。

　2つ目は、本書で述べたSDGのような変動吸収用のインフラだ。社会に広く分散している資源をネットワークしてPVの変動を吸収する。

　そして3つ目が、SB・VPPのような専門の事業者による変動吸収を目的としたサービスだ。

　蓄電池のコスト、インフラ構築のコスト、事業者の運営コストがそれぞれかかるが、蓄電池のライフサイクルコストがPVパネルに比べて十分に安くならない限り、一番目の選択肢が最も高コストになるはずだ。PV大量導入の時代に向けて、社会に存在している資源を有効に活用するSDGやSB・VPPのような仕組みやビジネスを持っているかどうかが、国のエネルギーシステムの効率性を左右するようになる。

SB・VPPを担うのはエネルギーに関するソリューションを提供している電力会社、ガス会社、ESCOなどの専門のエネルギーサービス会社などの事業者になるが、上述した役割を考えるとIT事業者の参加が今以上に重要になる。

【Solar-Based-マーケッター（SB・M）】

PVの発電量や気象情報が企業活動や人の動きの源になると、これをマーケティングに活かすビジネスが生まれる。現在でもプラットフォーマーが購入履歴、WEBなどの閲覧履歴、個人的な背景などの情報を分析し、効果的なマーケティングを行ったり指南したりして莫大な利益を手にしている。事業のコストは大きく、製品を製造するコスト、それを届けるためのコスト、事業の運営にかかるコストに分かれるが、一般の人が思っている以上に製品を届けるためのコストが大きいことの現れだ。

SDGの下での消費者の行動のトレーシングは、これまでの方法に比べて高い精度が得られる可能性がある。PV電力が起点となって人の動きが始まることがわかっている分だけ、行動する時間や行動の行方を絞り込むことができるからだ。自前のマーケティングデータがあれば、それと組み合わせることによりマーケティングの精度を高めることができるだろう。

PVの発電量予測はSDG・NOが行う。その情報をどの程度公開するかにより、SB・Mのポジションは変わってくる。広く公開されれば、SB・MはSDG・NOから情報を取得し、独自の情報や分析を加えてマーケティングを行うことができる。公開される先や内容が限定されるのであれば、SDG・NO、PV・IPO、SB・MaaS、SB・VPPなどSDGの情報が供給されるライン上のどこかに参画して、情報を得てマーケティングを行うという選択肢もある。情報分析について豊富な事業資源を持っている場合には、SDG・NOを先回りしてPV発電量起点の情報を分析することもできる。気象情報サービスを行っている企業が有力なIT企業と連携すれば、こうしたポジションを獲得することができる。気象情報というインプットデータを把握した上で、街中でEVの動きや人の動きをデータ化し、因果関係を見出すのはそれ

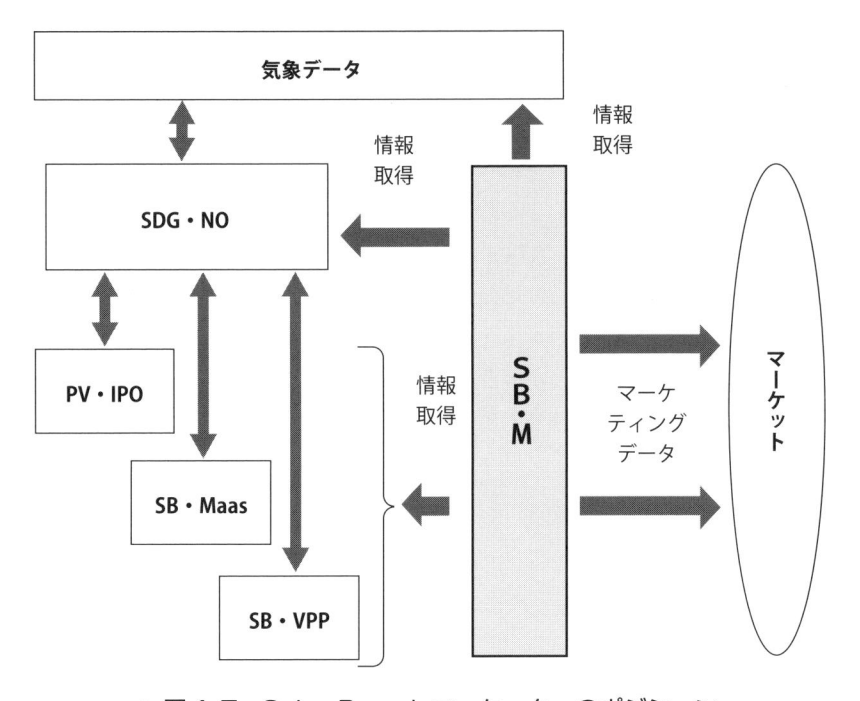

▶ 図4-7　Solar-Based-マーケッターのポジション

ほど難しいことではない。

　SDG・NOを先回りしてPV発電量起点の情報を分析できることのリアリティは、SDGの設計によっては、情報の最上流をメガプラットフォーマーに乗っ取られる可能性があることを意味している。それが社会的に効率的だ、として受容することもできる。一方で、SDGの中でやり取りされる情報は個人や個々の企業に関わる守秘性の高い情報も含まれているし、地域内部の動向を曝け出すことにもつながり得るため、SDG・NOのポジションが揺るがないような制度設計を必要とする考えもある。これまでのプラットフォーマーの立ち振る舞いを考えると、まずは、後者の立場を取って慎重に進めようという意見が多くなるのではないか。

　いずれにしても、SDGがマーケティングのための重要な情報源となることは間違いない。Solar-Based-Smart Cityの中では、気象情報やPV電力の発電情報さえわかれば、人や企業の行動を高い精度で先読みすることもでき

るという点は、これまでのマーケティングにはなかった観点だ。そう考えると SB・M は、本章で述べている事例の中で最も魅力的なビジネスモデルと言えるのかもしれない。消費者の行動をどれだけ正確に予測できるかはマーケティングの生命線でもあるから、SDG の構想がリリースされたらプラットフォーマーなどが強い関心を持つかもしれない。

　SDG は PV 電力の変動を吸収するために、広く分散した変動吸収資源を有効活用することを目的とした超分散・高密度のネットワークである。それができれば、大規模集中型のシステムの延長では成し得ない高い効率で再エネの大量導入を実現することができるだろう。インフラ分野における超分散・高密度ネットワークは、社会の効率性を左右する重要なコンセプトになる。しかし、そこで作られるインフラはエネルギー分野でだけでなく、プラットフォームビジネスなどにとっても魅力的なものになるという理解は、SDGやこれに類した仕組みを作る上で重要な観点となる（**図4-7**）。

【SDGデバイス・サプライヤー（SDG・DS）】

　SDG では、PV、家電、業務用設備、EV、PHV などいろいろなハードウェアが供給される。これらを、いかに需要家が使いやすい形で供給できるかが問われることになる。

　PV の供給方式は大きく分けて、PV 単体で供給される場合とルーフ一体型で供給されるケースに分かれる。PV を住宅などの商品の付加価値向上に活かすには後者の方が優れている。スマートハウスは、PV や EMS（Energy Management System）が一体となって住宅の付加価値を高めた事例だ。一方で、付加価値追求型にも課題はある。PV の発電設備としての効率性に焦点が当たりにくくなる可能性があるからだ。スマートハウスは一般の住宅に比べて100万円単位でコスト増となったが、それ以上に販売価格が高くなったので住宅メーカーの収益向上に貢献した。PV などの設備を住宅の付加価値向上に使うという住宅メーカーの戦略は成功したことになる。一方、発電設備の立場で見ると、付加価値が高まったことで PV のコスト削減が第一義でなくなった可能性がある。これでは、PV は高コストな電源との評価を脱

せない。

　日本ではPVの架台のコストの比率が高いから、架台と屋根の設計を一体化すればPVの発電コストを抑えられる可能性がある。経済性を優先したルーフ一体型のPVパネルを、住宅メーカーの要求に応じてカスタマイズできるPVサプライヤーが生まれれば、PVの経済性とスマートハウスの付加価値向上を両立することができる。そこにSDG・NOと情報をやり取りするための通信基盤やデータポートなどをつければ、PVパネルとしての付加価値も高まる。さらに、住宅建設地の日照を予測してPVの収益リスクを取って、PVルーフの供給、設置、メンテナンス、運用などを担い、住宅ユーザーから低廉なPVルーフ利用料金を取る、というサブスクリプションモデルを展開すれば、事業者にはPVルーフのコストを下げようとするモチベーションが働く。

　住宅であればPVパネル、蓄電池、HEMS、給湯設備など、オフィスビルであれば空調、昇降設備、BEMS、通信設備など、自動車であればモーター、蓄電池、空調、インパネなど、近年商品価格に占める外部調達部品のコストのシェアが高まっている。AI/IoTの進化を考えると、こうした傾向は今後一層強まる。にもかかわらず、住宅メーカー、建設会社、自動車メーカーが外部調達品のコストを丸抱えして価格に上乗せする、という従来からの製品供給体制が続いている。顧客の手間を考えると、主要な部品を含む商品を提案し、主要部品を含む契約を束ねるのはこれからも住宅メーカーや自動車メーカーになるだろう。その上で、コストインパクトの強い外部調達部品については、上述したPVルーフのサブスクリプションのように、当該部品の供給メーカーが直接顧客に価値を訴求できるビジネスモデルに転換した方が、供給メーカーの付加価値向上とコスト削減のモチベーションが高まるのではないだろうか。SDGではそうした流れを期待したい。

　SDGがネットワークしているのは、詰まるところルーフ上のPVパネルとEVの中の蓄電池であるから、その価値向上のモチベーションが高まるモデルを選択した方がSDG自体の価値も向上する。将来、世界的に超分散・高密度のエネルギーシステムが普及するとすれば、有力部品・設備のサプライヤーのモチベーションが高まるモデルを選択することが日本の競争力向上に資するはずだ（図4-8）。

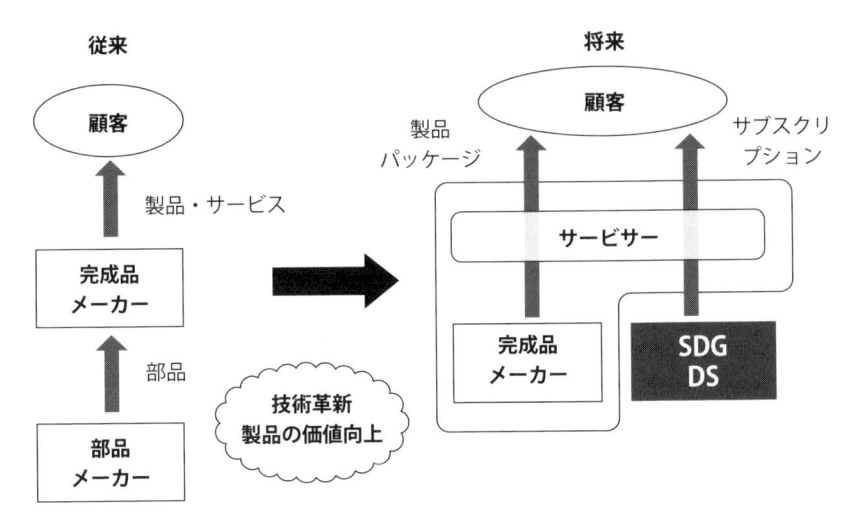

▶ 図4-8　SDGデバイス・サプライヤーのポジション

【Solar-Based-Smart City（SB・SC）インベスター】

　第3章で述べた通り、これまで様々な切り口でSmart Cityが注目されてきた。その時々に議論の中心となったのは、都市開発という土木建築技術であり、環境性の高いエネルギーシステムであり、インターネットであり、デジタル技術であった。こうした歴史が示すように、サステイナブルで快適な未来の都市を創るために、革新技術が欠かせないことは確かである。しかし、技術を軸としたSmart Cityのブームは、いつも注目技術への期待がしぼむと並行して落ちていった。先進技術に過度の期待を持ちやすい人間の性以上に大きなブーム終焉の理由は、これまでのSmart Cityには、都市で活動する人たちに行動変容を促す仕組みがなかったことである。Smart Cityを作ることで最も変わらなくてはいけないのは、都市のインフラではなく、そこで活動する人たちの行動である、という当たり前の論理に気づく。

　SB・MaaSには、こうしたSmart Cityのブームの歴史に転換の機会を与える可能性がある。SB・SCの情報システムと移動手段などの技術の起点となっているのは、気まぐれな天気だから、移動という行動に呼びかけることを通じて、都市で活動する人たちに行動変容を促せる可能性があるからだ。

上述した**SB・MaaS**のシステムのバリエーションを駆使して、都市内の行政、商業施設の運営者、企業、公共機関とコラボレーションすれば、都市で活動する人たちの行動を理念だけでなく、ロジカルに環境志向に向けることができる。同じことは、SB・Mについても言える。

　Smart Cityは自然と人間の活動の調和の場である、という指摘はかねてからある。しかし、人間がインフラを設計すると、いつの間にか人間が自然の上に立つ都市像ができる。理念だけで本当のSmart Cityはできなかったのである。都市の運営の仕組みの中に、人間が自然に寄り添うロジックがなければいけない。日照という自然環境の源を行動の起点にする**SB・SC**は、本当のSmart Cityを実現するための重要なソリューションになり得るのだ。

SB・SCが生み出す不動産プレミアム

　日本型のスマートシティが生まれたのは、スマートシティを標榜することが不動産として価値を高め、そこで生まれるプレミアムによってスマートシティのための投資負担を十分に賄えるからである。スマートハウスもスマート化のための装備の負担を賄って余りあるプレミアムが期待されるからこそ、住宅メーカーが力を入れてきた。常に新しいコンセプトと付加価値を追い求める不動産事業者にとって、**SB・SC**は新たな価値観に基づく生活圏という魅力ある案件に映るのではないか（**図4-9**）。

　不動産事業者にとって大きいのは、**SB・SC**でのスマート化のための投資でそのほとんどを第三者が行ってくれることだ。PV電力の変動を吸収するシステムの投資負担は電力関係の事業者が負うだろうし、**SB・MaaS**のための投資負担はモビリティ関係の事業者が負うだろう。そうしてスマートシティとしての本格的な都市基盤ができた上で、ビルやマンションを作ることができるなら、不動産投資としての旨味は大きくなる。これは**SB・SC**によって生まれる不動産のプレミアムを、2つの方向で活用できることを示唆している。

　1つは、より魅力のある不動産投資を行うことだ。スマートシティのための投資負担を第三者が負ってくれた上で地域のプレミアムを期待できるのであれば、不動産事業者は収益の一部を建物や周辺の質を高めるために振り向

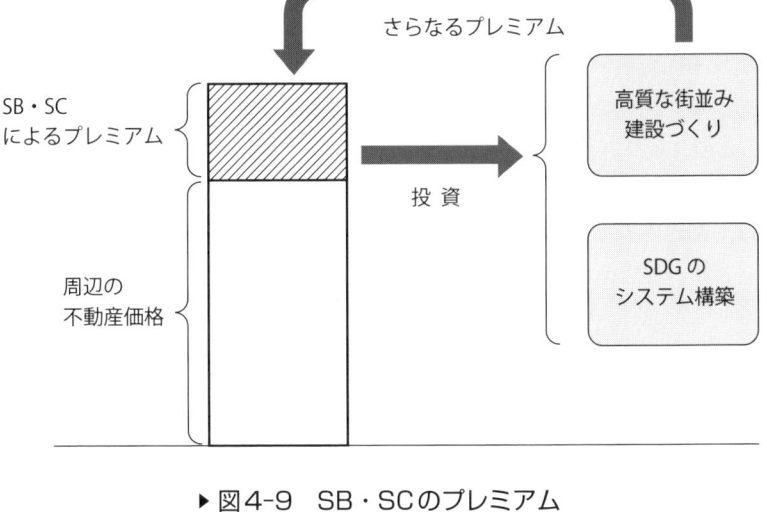

▶ 図4-9　SB・SCのプレミアム

けるだろう。そこに**SB・MaaS**や**SB・M**のサービスが加われば、SDGエリアは良質な環境を備えた生活・活動空間となる。

　もう1つは、SDGのための投資回収を行うことだ。**SB・SC**のエリア内に中核的な開発エリアを設けた上で開発会社を組成して開発権を与え、不動産投資を呼び込めば開発会社はスマートシティのプレミアムを手にすることができる。その上で**SDG・NO**なり**SB・MaaS**の事業体が当該開発会社に参加すれば、開発会社が得た利益をシステム投資に回すこともできる。

　地域による面もあるが、このように**SB・SC**は不動産事業者にとって魅力的な開発案件になる可能性がある。**SB・SC**が日本中に普及すれば、**SB・SC**インベスターとも呼べる**SB・SC**の付加価値を高めることに注力する投資家が登場することを期待できる。そこに海外の不動産投資を呼び込めば、日本のエネルギーシステム作りにグローバル資金を活かすこともできる。それはまた、日本の各地をリニューアルすることにもつながる。

SDGのメリット

　ここまで述べた通り、SDGにはいくつかの大きなメリットがある。

　1つ目は、日本の再生可能エネルギーの本命であるPVの大量導入を可能とすることである。その際、EVの巨大な蓄電池容量を活用することで、PV特有の変動調整負担を極小化することができる。

　2つ目は、エコシステムを持つビジネスをいくつも創造できることだ。単品ベースのビジネスで海外勢に席巻された日本の再生可能エネルギー産業を立て直すだけでなく、欧米中に先行したビジネスを育てることも可能だ。

　3つ目は、新しい活動理念、生活理念を生み出せることだ。気候変動に対処するためには再生可能エネルギーの大量導入や省エネルギーの徹底を進めるだけでなく、われわれの行動変容を起こすことが不可欠である。それを理念や掛け声だけに終わらせず、システムとしてビルトインできるのがSDGである。

　4つ目は、地域のリニューアルを進められることである。上述したように、SDGが生み出す付加価値をアピールして国内外から不動産投資を呼び込めば、SDGの理念を反映した美しい街並みを整備することができる。それを配電網単位でシリーズ化すれば、東京圏だけでなく全国にSDGの付加価値を波及することができる。

コンペでプロジェクト を立ち上げる

SDGを日本中に普及するために必要な施策は2つである。

1つは、定型的ではあるが、SDGに対する支援制度である。国が中心となって中核システムを開発し、それを各事業にライセンスしてもいい。PVインセンティブポイントは税制優遇の手段である。PVインセンティブポイントに加えてSDGの中核システムの整備に対して補助金を与えることも考えられる。どんな政策でもこうした普及促進策は不可欠だが、世界中で再生可能エネルギーに対して数々の支援策が講じられている中で、従来型の支援策でどれだけ内外の民間資金を呼び込めるかわからない。

そこで重要になるのが、プロジェクトベースで市場に対して積極的に働きかける施策である。ここでは、配電網に関するライセンスの制度が制定されることを機に、SDGコンペを実施することを提案したい。政府がSDGとSDGプロジェクト普及する方針を示した上で、以下の4つのフェーズでプロジェクトを立ち上げる（**図4-10**）。以下、各フェーズについて概説しよう。

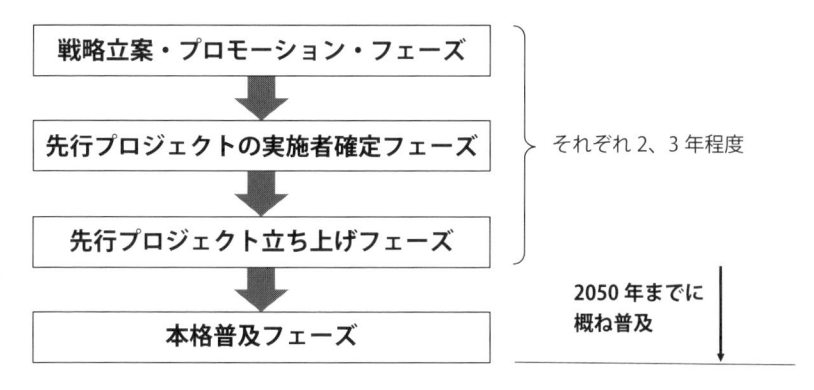

▶ 図4-10　SDGコンペの実施プロセス

【戦略立案・プロモーション・フェーズ】

　SDGコンペを成功させるために最も重要なのは、高い実務能力を持つプロフェッショナルから構成されるプロジェクト・プロモーション・オフィス（PPO）を設立することである（**図4-11**）。日本版FITが本書で述べたような問題を呈した大きな理由は、市場との対話能力に欠ける体制で制度を検討し、買取単価まで決定してしまったことである。それが世界中のハゲタカに国民負担の少なからぬ部分を奪われることにつながった。政策の作成、施行が行政の役割であり、有識者の見識がそれをサポートすることは今後も変わらないだろうが、事業の段階になったら事業のプロフェッショナルに任せられる体制がなくてはいけない。それを前提に以下のようなプロセスで戦略立案とプロモーションを行う。

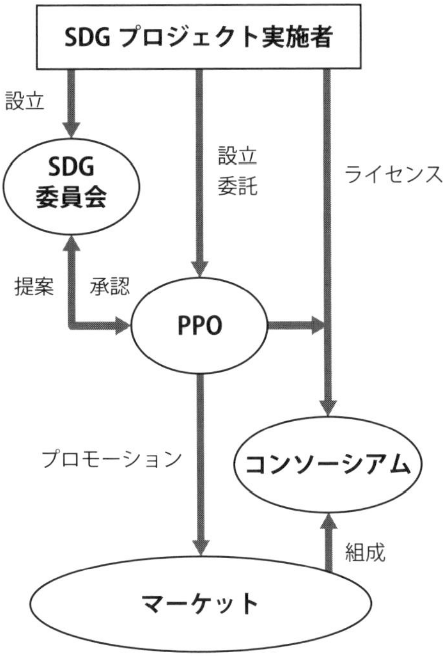

▶ 図4-11　SDGコンペの体制

➤行政はSDGプロジェクトとSDGコンペの基本条件を抽出するために、高い見識を持った有識者からなる委員会を設立する。

➤PPOは前項委員会が設定した基本条件に従って、SDGプロジェクトのアウトプットイメージと推進戦略を立案する。

➤PPOは委員会の承認を受けて、SDGプロジェクトおよびSDGコンペのプロモーションを行う。これにより、SDGプロジェクトへの関心とSDGコンペへの参加意欲を高める。

➤PPOはプロモーションとマーケットサウンディングを経て、SDGプロジェクトの要件とSDGコンペの推進方策を立案する。推進方策の中にはSDGコンペの対象となる配電網とSDGプロジェクトのエリアのリストが含まれる。

➤委員会とPPOは協力し、SDGのモデルとして相応しい開発エリアを全国から5件程度選出する。

　このようなプロセスによって選定された先行モデルに対しては、初期システムの立ち上げに要する負担の軽減、民間事業者のコンペ参加意欲の醸成、さらにはSDGに関わる国としての知財の獲得（汎用システムの構築など）、などの観点から十分な額の資金支援を行うことも検討してもいい。

【先行プロジェクトの実施者確定フェーズ】

　戦略立案・プロモーション・フェーズの結果をもって、PPOは以下のようなプロセスでプロジェクト実施者を定める。

➤PPOは委員会の承認を受け、マーケットに対してSDGコンペへの参加を要請する。

➤民間事業者はプロモーション段階からの検討を経て、前項の呼びかけに応じてSDGプロジェクトの実施に関わる素養を有する、複数の企業からなるコンソーシアムを組成する。

➤PPOはコンソーシアムに対して、SDGプロジェクトの基本コンセプトと実施体制に関する提案を求める。

➤コンソーシアムには幅広い提案を認める。例えば、SDG・NOだけを提案することも、SDG・NO、SB・MaaS、SB・M、SB・SCIなどを含む

包括的な事業を提案することも可能とする。ただし、実現性を前提としつつ、対象地域にとってより大きな付加価値を生み出す提案を高く評価する。

➤PPOは前項提案の中から最も優れた提案を提示したコンソーシアムを優先交渉権者として選出し、委員会の承認を得る。

➤PPOは優先交渉権者と交渉し、プロジェクトとSDGプロジェクトの実施者の権限と責任に関わる詳細内容を定め、それを委員会に提示する。

➤委員会は提示内容を受けて承認するとともに行政に対してその実現に必要な措置を取ることを要請する。

ここで示したPPOの役割は現在のPFIプロジェクトのアドバイザーの役割と相当程度共通するが、PFIなどのアドバイザーが行政から単年度で業務の委託を受け、委員会の指示の下で働く民間事業者であるのに対して、PPOはより強い権限と責任および予算を与えられた期間限定の組織とする。当面の任期はプロジェクトの戦略策定からプロジェクトの立ち上げ、立ち上げ管理、初期段階のモニタリング、その後の評価などを含む数年程度とする。こうした組織を作るために、官民から高い実務能力を有する個人を採用する必要がある。

【先行プロジェクト立ち上げフェーズ】

提案内容に基づいている限りにおいて、SDGプロジェクト実施者は自己の責任と権限の下、以下のプロセスにより、SDGに関するシステムの構築や機材の調達、体制整備など進める。

➤SDGプロジェクト実施者は、提案内容に沿ってシステム構築や機材調達などのための仕様づくり、設計を行う。

➤PPOは、SDGプロジェクト実施者が提案内容に沿ってプロジェクトを推進していることを確認する。

➤提案内容と異なる設計、調達が必要な場合は、プロジェクトの付加価値が下がるものではないことを確認する。

➤PPOはプロジェクトの実施状況、主たる変更点などを委員会に報告する。

➤PPOはSDGプロジェクト実施者と、プロジェクト立ち上げ後のプロジェクトの実施状況をモニタリングするための具体的な方法を協議する。

➤PPOはシステム構築などの完成を確認後、委員会の了承を得てプロジェクトの開始を許可する。

➤PPOはプロジェクト開始後、上述したモニタリング方法に従ってプロジェクトの実施状況を確認する。

この段階でのPPOの役割は、原則SDGプロジェクト実施者が提案書や交渉結果に沿ってプロジェクトを進めているのを確認することである。ただし、SDGのような新しいプロジェクトで実施前にすべてを予測することはできないし、プロジェクトの立ち上げ途中でより良い技術やシステムが見つかることもあれば、新しいアイデアが出てくることもある。SDGのシステムを構築するのに2, 3年はかかるだろうから、日進月歩で技術が進歩するAI/IoTの世界で提案内容にこだわり過ぎることは、時代の流れに劣後したシステムを作り上げることにつながる。

こうした点を勘案してPPOは、付加価値が高まる、あるいは落ちないのであれば変更の提案は原則受け入れる、という姿勢でSDGプロジェクト実施者と対話する。

【本格普及フェーズ】

先行プロジェクトはSDGプロジェクトを全国展開するための実証、ノウハウや知財の獲得、制度などの環境整備、事業者育成のための機会である。そのために、委員会とPPOは戦略立案・プロモーション・フェーズにおいて、全国展開に向けたKGI（Key Goal Indicator）とKPI（Key Performance Indicator）を定めておく。実施者確定フェーズ、プロジェクト立ち上げフェーズにおける要件やモニタリングのポイントなどはそれを前提に定める。SDGプロジェクトのためのKGI、KPIは理念的過ぎると事業の実施者から見て浮世離れしたものとなるし、実務的過ぎると創造性を要する事業を拘束してしまう。見識のある有識者からなる委員会と、実務能力のあるPPOによる検討が必要な所以だ。

　KGI、KPIの達成状況を確認したところで、全国展開のフェーズに入る訳だが、SDGプロジェクトの展開の進度は民間事業者のプロジェクト消化能力や財政状況に依存する面がある。都市部でのSDGプロジェクトは不動産事業による資金回収が期待できるだろうから、社会的な負担はなるべく小さくしたい。その分だけ、特定の企業群の投資力と公的な財政支援のバランスを図る絶妙な交渉プロセスが必要になる。

　一方、地方部では都市部ほど不動産事業による資金回収が期待できないから、公的な資金への依存度が高まる。また、エネルギー政策の観点から投資回収のいかんにかかわらず、実施しなくてはならないエリアもあるだろう。これらをどのようなペースで進めるかは財政的な制約と行政運営の事情で決まる。

　こうして全国展開を図っている傍らで、先行プロジェクトからモニタリングの結果がどんどん報告されることになる。一般にSDGのようなプロジェクトの戦略を立案し、プロモーションを行い、実施者を選定するのには短くても2年はかかる。実施者が決定してから、システムが立ち上がって稼働するのにも最低2年はかかるだろう。気象情報を起点とするSDGでは、プロジェクトを適切に評価するには複数年の実施データが必要になる。

　したがって、先行プロジェクトの成果を慎重に分析した上で全国展開に入るとなると、全国展開のプロジェクト検討が始まるまでには最低6年、プロジェクトが開始されるまでには実に10年かかる。つまり、今から初めても、2030年になってしまう。気候変動に対する国際的な議論が年々ホットに、かつ実務的になって来ている中、これでは国際的な評価を得ることはできないだろう。また、方向修正が必要になった場合を考えると、全国展開の遅れはリスクにもなる。

　そこで考えられるのは、戦略立案フェーズの段階から先行プロジェクト、第2期プロジェクト、第3期プロジェクトなど、2年程度の時間差で先行プロジェクトの知見を活かしつつ、次期プロジェクトを立ち上げるプロセスを立案しておくことである（**図4-12**）。委員会、PPOのみならず制度整備や財政的な担保を確保する行政側にとっても、ダイナミックでタフなアプローチと言える。しかし、恐らくどのような政策を選択したとしても、今の日本が本気で成果を上げようとするなら、同じようなダイナミックさとタフさが必要になるだ

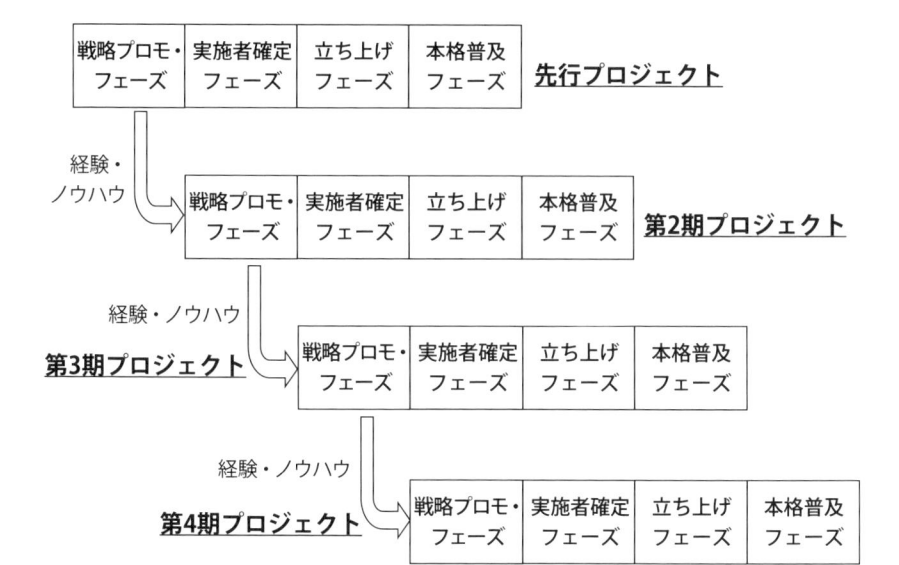

▶ 図4-12　SDGプロジェクトの展開プロセス

ろう。

　それだけ日本の置かれた立場は厳しい。卒FITは単なる制度の終わりではなく、日本のエネルギー政策とエネルギー産業にとってのターニングポイントなのである。そこで不可欠なのは、次世代を見据えた独自のビジネスとビジネスモデルだ。その自覚を持ち、日本が自らの置かれた立場や歴史を客観視し、恐れることなく日本独自のビジョンを立ち上げ、勇気を持ってビジョンを実行に移し、周到な取り組みで成果を上げることを期待して本書を閉じたい。

【著者紹介】

井熊　均（いくま　ひとし）

株式会社日本総合研究所　専務執行役員

1958年東京都生まれ。1981年早稲田大学理工学部機械工学科卒業、1983年同大学院理工学研究科を修了。1983年三菱重工業株式会社入社。1990年株式会社日本総合研究所入社。1995年株式会社アイエスブイ・ジャパン取締役。2003年株式会社イーキュービック取締役。2003年早稲田大学大学院公共経営研究科非常勤講師。2006年株式会社日本総合研究所執行役員。2014年同常務執行役員。2017年、現職。環境・エネルギー分野でのベンチャービジネス、公共分野におけるPFIなどの事業、中国・東南アジアにおけるスマートシティ事業の立ち上げなどに関わり、新たな事業スキームを提案。公共団体、民間企業に対するアドバイスを実施。公共政策、環境、エネルギー、農業などの分野で70冊を超える書籍を刊行するとともに政策提言を行う。

瀧口　信一郎（たきぐち　しんいちろう）

株式会社日本総合研究所　創発戦略センター　シニアスペシャリスト

1969年生まれ。京都大学理学部を経て、93年同大大学院人間環境学研究科を修了。テキサス大学MBA（エネルギーファイナンス専攻）。東京大学工学部（客員研究員）、外資系コンサルティング会社、Jリート運用会社、エネルギーファンドなどを経て、2009年株式会社日本総合研究所に入社。専門はエネルギー政策・エネルギー事業戦略。著書に「エナジー・トリプル・トランスフォーメーション（第40回エネルギーフォーラム賞「普及啓発賞」）」、「中国が席巻する世界エネルギー市場　リスクとチャンス」、「2020年、電力大再編」、「電力小売全面自由化で動き出す分散型エネルギー」など。

〈株式会社日本総合研究所・研究員紹介ページ〉

https://www.jri.co.jp/page.jsp?id = 3280

木通　秀樹（きどおし　ひでき）

株式会社日本総合研究所 創発戦略センター 部長（IoT推進担当）
1997年、慶応義塾大学理工学研究科後期博士課程修了（工学博士）。1988年石川島播磨重工業（現IHI）入社。ニューラルネットワークなどの知能化システムの技術開発を行い、環境・エネルギー・バイオ関連の制御システムを開発。2000年に日本総合研究所に入社。現在に至る。再生可能エネルギー、水素関連の技術政策の立案、および再生可能エネルギー、エネルギーマネジメントなどの社会インフラIoTの新事業開発、スマートシティなどの都市開発事業を実施。2019年より東京大学 先端科学技術研究センター シニアプログラムアドバイザー。公立諏訪東京理科大学客員教授。著書に「なぜ、トヨタは700万円で「ミライ」を売ることができたか？」、「大胆予測　IoTが生み出すモノづくり市場2025」、「農村DX革命」、「公共IoT‐地域を創るIoT投資」（共著、日刊工業新聞社）、「エナジー・トリプル・トランスフォーメーション」（共著、エネルギーフォーラム）など。

ソーラー・デジタル・グリッド
卒FITで加速する日本型エネルギーシステム再構築　　　NDC540.9

2020年4月30日　初版1刷発行　　　　定価はカバーに表示されております。

©著　者　　井　熊　　　　均
　　　　　　瀧　口　信一郎
　　　　　　木　通　秀　樹
発行者　　井　水　治　博
発行所　　日刊工業新聞社
〒103-8548　東京都中央区日本橋小網町14-1
電話　書籍編集部　　　03-5644-7490
　　　　販売・管理部　　03-5644-7410
　　　　FAX　　　　　　03-5644-7400
振替口座　00190-2-186076
URL　https://pub.nikkan.co.jp/
email　info@media.nikkan.co.jp
印刷・製本　新日本印刷

アグリカルチャー4.0の時代
農村DX革命

「第10回
不動産協会賞」
受賞！

三輪泰史、井熊 均、木通秀樹 著

定価（本体2,300円+税）　ISBN978-4-526-07973-3

近年、農業の成長産業化政策の下、AI/IoTを活用したスマート農業への期待が高まっている。本書は農水省や内閣府から評価され、政府主導の「農業データ連携基盤」として具現化した著者らが提唱する農業データプラットフォームを詳述。その根幹として、産官学から注目を集める多機能型農業ロボット「DONKEY」のコンセプトと社会実装の様子を明快に伝える。デジタル化された農村で、スマート農業を駆使した誰でもできる儲かる農業という"生業"と、IoTにより不便さが払拭され豊かな自然に囲まれた"生活"を両立するモデルを披露する。

IoTが拓く次世代農業
アグリカルチャー4.0の時代

三輪泰史、井熊 均、木通秀樹 著

定価（本体2,300円+税）
ISBN978-4-526-07617-6

「農作業者の所得水準の低さ」という本質課題を解決するため、農業ロボットを含めたIoTの活用により農作業者を重労働から解放し、所得を格段に引き上げ、付加価値の高いクリエイティブな業務へと導く。そのような農業の姿を第4次農業革命と称し、そこに導入される先進技術や農業IoTシステムの全体像、新ロボットシステムの概念、ビジネスモデルを披露する。